Manuel d'analyse d'un dossier de bâtiment

Yves Widloecher
David Cusant

Manuel d'analyse
d'un dossier de bâtiment

2e édition

Initiation | Décodage | Contexte | Études de cas

EYROLLES

ÉDITIONS EYROLLES
61, bd Saint-Germain
75240 Paris Cedex 05
www.editions-eyrolles.com

© Groupe Eyrolles, 2013
© Éditions Eyrolles, 2018 pour la présente édition
ISBN : 978-2-212-67666-2

Sommaire

Table des matières

PARTIE II

De l'acte de construire aux ouvrages élémentaires

Partie III

Outils calculatoires de base

Partie IV

Compléments de technologie et repérages particuliers

Partie V

Informations sous-entendues

Partie I

Comprendre les représentations graphiques

CHAPITRE 1

Les correspondances de vues

1.1 Généralités

Une construction est un ouvrage complexe qu'il convient de définir avec soin. Cela se fait grâce à :

- des plans qui définissent les formes et les dimensions ;
- des pièces écrites qui donnent des renseignements complémentaires (les matériaux constitutifs, par exemple).

Parmi les formes de représentations graphiques utilisables, on peut distinguer :

- les perspectives ;
- les vues de face : les façades, par exemple ;
- les vues aériennes : vues de dessus, comme si on observait depuis un avion ;
- les vues en plan : plans de l'intérieur vu de dessus ;
- les coupes : vues intérieures, en général verticales.

Attention

Les différentes vues et coupes ne comportent pas de déformation par perspective. On les voit en deux dimensions, soit :

- longueur et largeur ;
- longueur et hauteur ;
- largeur et hauteur.

Voici un exemple de façade : il s'agit d'une vue de face, où apparaissent la longueur et la hauteur.

On peut, en particulier, constater que le toit est représenté sans déformation, sans effet de perspective.

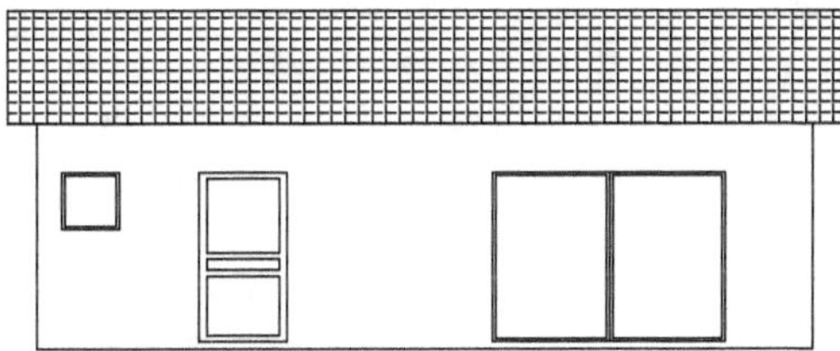

Seuls les dessins dits « en perspective » font apparaître les trois dimensions. On distingue les perspectives :

- cavalières : une vue de face et deux autres en perspective sans déformation ;
- axonométriques : trois faces en perspective sans déformation ;
- coniques : projection vers les points de fuite. Ce sont les plus réalistes.

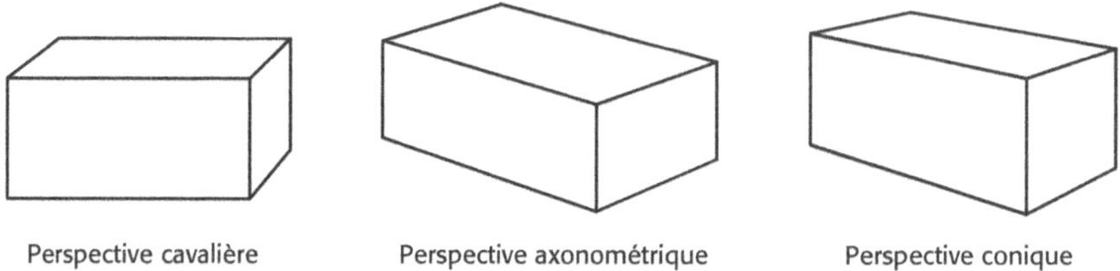

Les perspectives coniques sont construites en utilisant un ou deux points de fuite. Ceux-ci sont généralement situés au niveau du regard.

Voici quelques exemples de constructions de perspectives coniques :

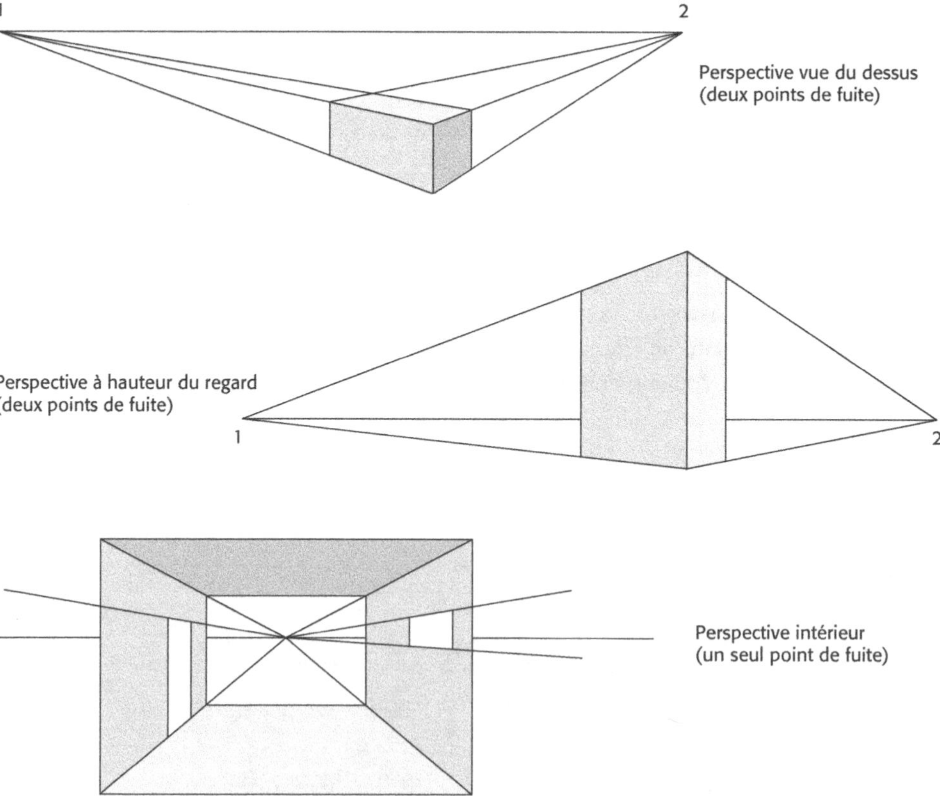

1.2 Cas général des correspondances de vues

Il semble aisé de comprendre une perspective, mais cela ne suffit pas à définir tout l'ouvrage et ne présente pas toujours un degré de précision satisfaisant. Plusieurs vues sont donc nécessaires.

La vue la plus représentative constituera la vue principale, et sera appelée « vue de face ». À partir de là, on peut définir :

- la vue de gauche (à gauche de la vue de face) ;
- la vue de droite (à droite de la vue de face) ;
- la vue arrière (à l'opposé de la vue de face) ;
- la vue de dessus (qui montre le dessus de l'objet) ;
- la vue de dessous (qui montre le dessous de l'objet).

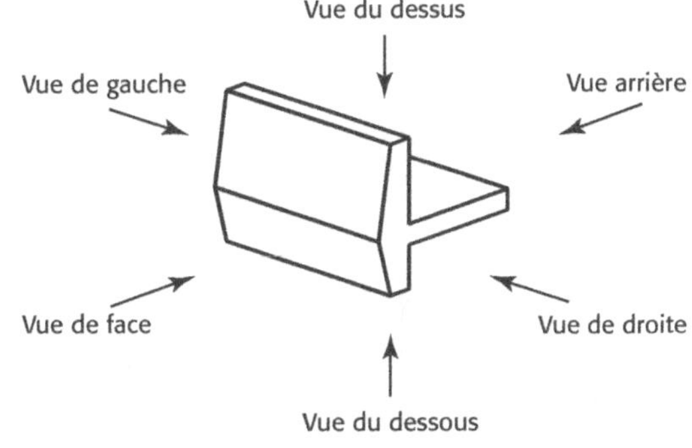

Vue de dessus

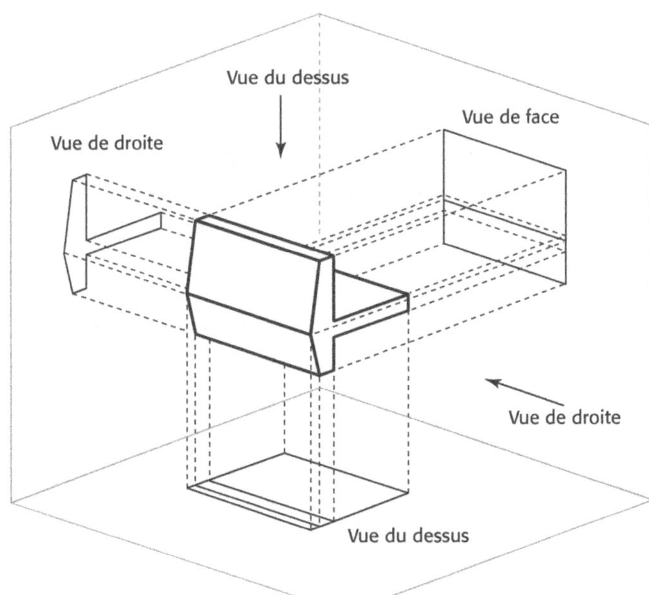

Projections orthogonales de vues

La mise en page des différentes vues devrait respecter la norme, et en particulier respecter les consignes suivantes :

- la vue de face au centre ;
- la vue de gauche dessinée à droite de la vue de face ;
- la vue de droite dessinée à gauche de la vue de face ;
- la vue arrière à l'extrémité gauche ou droite ;
- la vue de dessus située en dessous de la vue de face ;
- la vue de dessous située au-dessus de la vue de face.

Cette mise en page se comprend mieux lorsqu'on observe attentivement la perspective précédente (projections orthogonales des vues) : on déplie les plans de projections orthogonales pour former un seul dessin à plat comprenant toutes les vues.

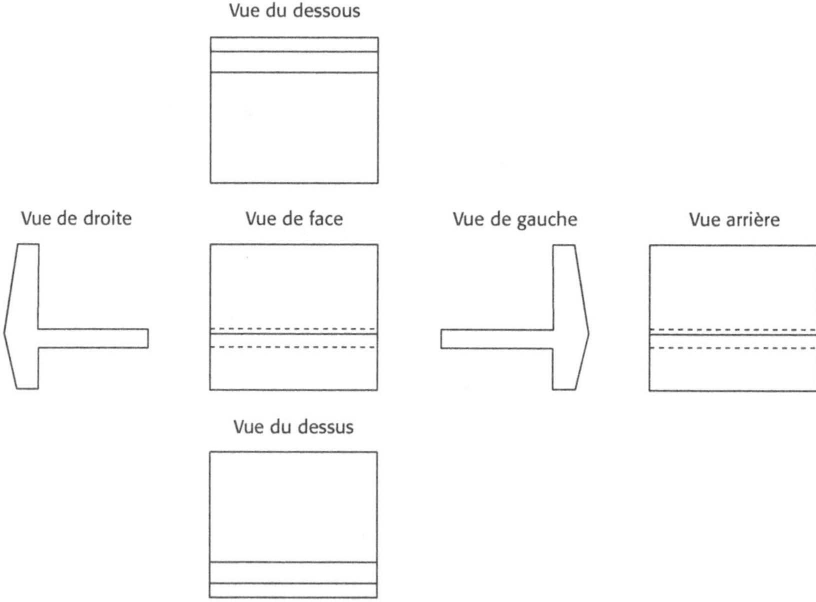

Représentation des six vues (projections orthogonales)

Nota

Pour certains plans, il est courant de voir les professionnels prendre des libertés par rapport à la norme.

Application

Énoncé

Voici une vue en perspective. À vous de dessiner les six vues correspondantes.

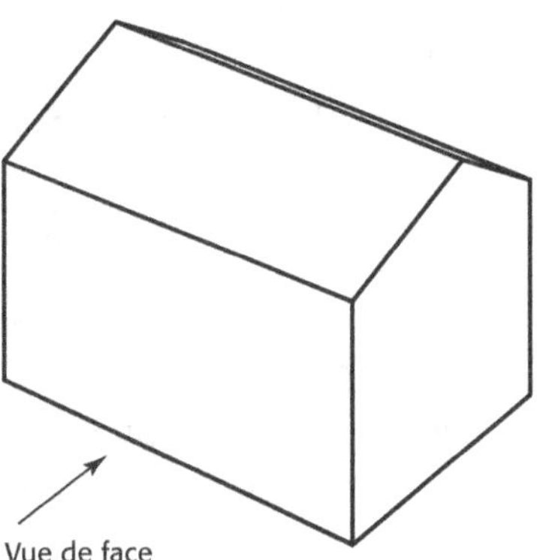

Corrigé

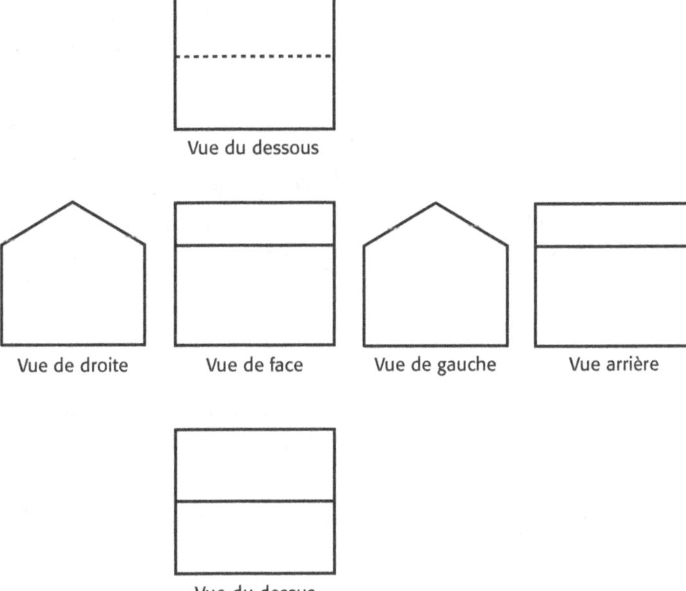

Nota

Il y a correspondance entre les dimensions.

1.3 Cas particulier des façades

La représentation des façades diffère légèrement de ce qui a été évoqué précédemment. On peut souligner que :

- il n'y a pas de vue de dessous ;
- la vue de dessus correspond à la vue aérienne des toitures ;
- les vues de face, de gauche, de droite et arrière constituent les quatre façades ;
- les quatre façades sont disposées librement les unes par rapport aux autres.

Quoi qu'il en soit, il y aura forcément correspondance entre les vues, en particulier pour les dimensions.

La désignation des façades peut suivre deux logiques différentes :

- soit par rapport à une façade principale ;
- soit selon les directions cardinales.

Dans le **premier cas**, il convient d'identifier une « façade principale » : ce peut être celle qui est visible de la rue, ou celle par laquelle on accède à la porte d'entrée.

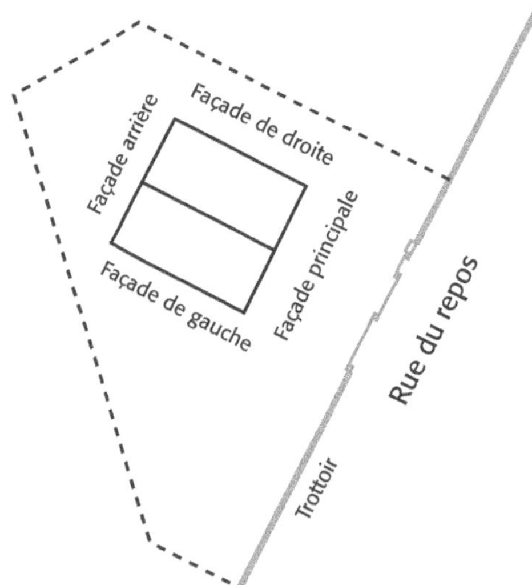

Voici l'exemple d'un bâtiment sur son terrain. On distingue le toit du bâtiment en trait épais, et les contours du terrain.

La façade principale est celle qui est visible depuis la rue du Repos.

La façade gauche est, bien entendu, celle située à la gauche de la façade principale, tandis que la façade droite est à droite.

La dernière façade, celle située à « l'arrière » du bâtiment, est donc du côté opposé à la façade principale.

Dans le **second cas**, les façades sont nommées par rapport aux directions cardinales. Sans surprise, la façade située au nord sera nommée « façade Nord », celle située à l'ouest sera la « façade Ouest », etc.

La seule difficulté est donc de bien repérer les directions cardinales. Après cela, nommer les façades peut se faire aisément.

Voici un exemple : les vues sont identifiées sur la vue aérienne du bâtiment ; les façades sont représentées à droite.

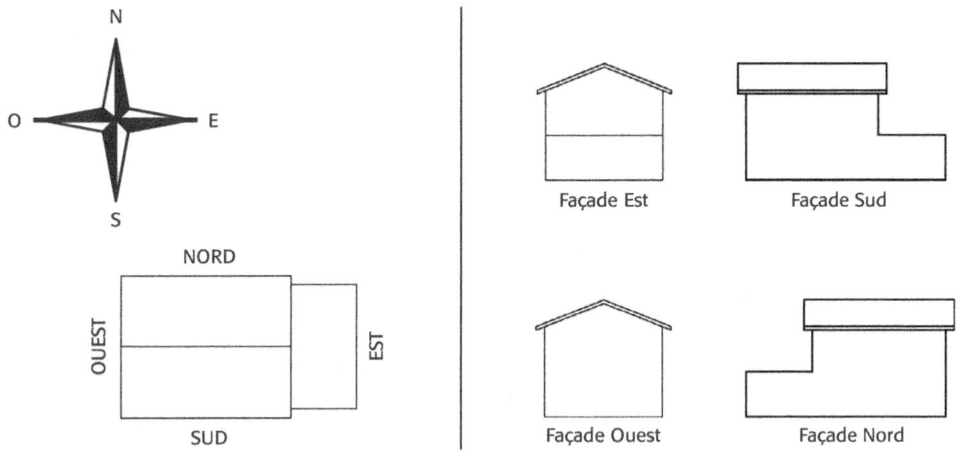

Cependant, l'orientation des bâtiments ne coïncide pas toujours parfaitement avec les directions cardinales. On retient alors l'orientation la plus proche parmi :

- nord/sud/est/ouest ;
- nord-est/nord-ouest/sud-est/sud-ouest.

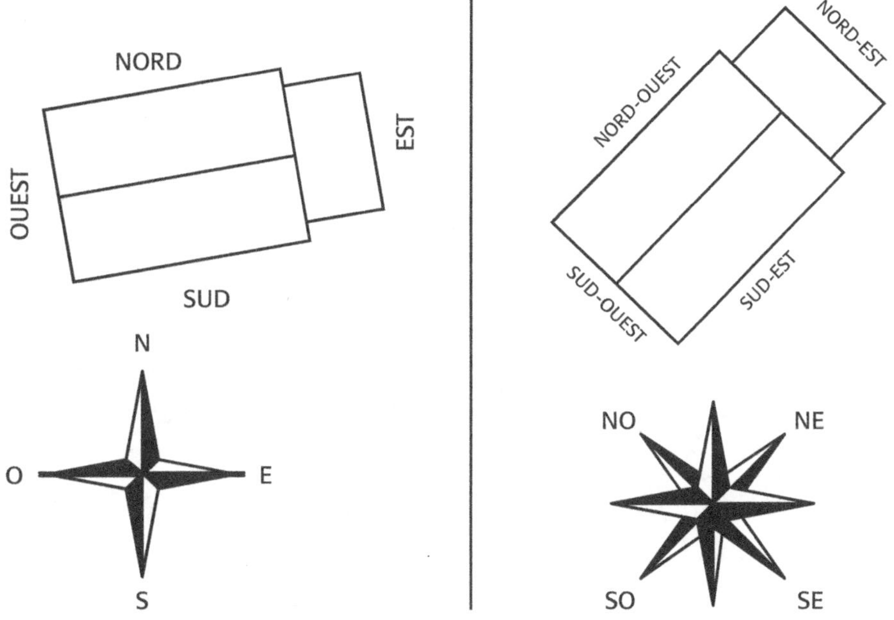

Formats et échelles

Réaliser un plan pose un problème simple : comment faire tenir la représentation d'un ouvrage sur une feuille aux dimensions limitées ? Dans le domaine du bâtiment, il est rare, en effet, de pouvoir dessiner un objet à sa vraie grandeur : il faut donc réduire la construction pour pouvoir la représenter.

De nos jours, les plans sont majoritairement réalisés par DAO (dessin assisté par ordinateur) avant d'imprimer sur papier. Le dessin directement sur feuille ou sur calque est devenu rare.

Nota

De nombreux logiciels de dessin permettent de travailler en indiquant les dimensions réelles de l'ouvrage : le dessin est donc à l'échelle 1/1, sur un espace de travail de dimensions « infinies ». Néanmoins, il faudra bien imprimer le plan, et le problème de l'échelle apparaîtra à ce moment-là.

2.1   Les formats de papier

Les principaux formats standard disponibles pour les feuilles sont :
- A4 : 210 mm × 297 mm ;
- A3 : 420 mm × 297 mm ;
- A2 : 420 mm × 594 mm ;
- A1 : 840 mm × 594 mm ;
- A0 : 840 mm × 1 188 mm.

Focus

On passe d'un format à l'autre en multipliant par deux la plus petite des deux dimensions de la feuille.

Le dessinateur doit choisir le format le mieux adapté à la représentation des vues de l'ouvrage qu'il dessine. Il pourra alors imprimer le(s) plan(s) de l'ouvrage sur le format pertinent. Les plans imprimés sont ensuite pliés de façon à former dans tous les cas un A4 apparent : un plan plié mesure 210 mm par 297 mm.

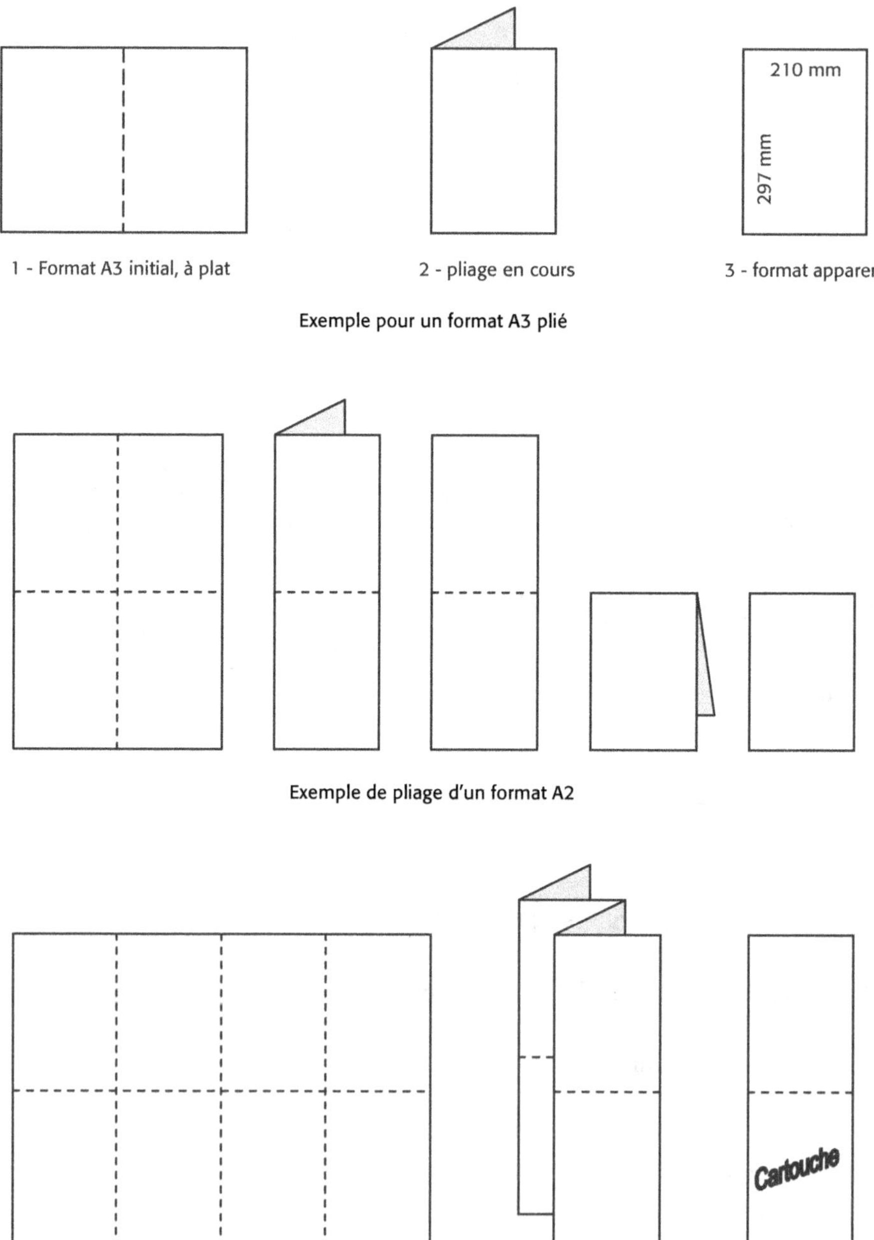

Exemple pour un format A3 plié

Exemple de pliage d'un format A2

Exemple du début de pliage d'un format A1. Ici le pliage se fait « en accordéon ». Cela peut aussi être nécessaire pour d'autres formats qui ne sont pas standards.

Sur la page A4 apparente du plan devra impérativement figurer un cartouche. Il s'agit d'un cadre contenant au moins les informations suivantes :

- les références du dossier ;
- le plan réalisé ;
- la version en cas de modification et/ou la date ;
- l'auteur ;
- l'échelle ;
- etc.

Les informations du cartouche permettent de classer les plans et de retrouver facilement celui que l'on cherche. Le cartouche ne prend pas forcément toute la place de la page apparente.

2.2 L'utilisation des échelles de dessin

Comme nous l'avons déjà évoqué, il est nécessaire de réduire le plan d'un ouvrage pour qu'il corresponde au format choisi. Pour que les informations dessinées soient représentatives et exploitables, il est nécessaire de définir le facteur de réduction : c'est ce qu'on appelle « l'échelle de représentation ».

L'échelle sert à définir le lien entre une « dimension dessinée » et une « dimension réelle d'ouvrage ».

Prenons l'exemple d'une échelle fréquemment utilisée : 1/50.

- Cela signifie que 1 unité dessinée représente 50 unités dans la réalité.
- Ainsi, sur un plan au 1/50, lorsqu'on mesure 1 cm, cela correspond à 50 cm pour le véritable ouvrage.
- De la même manière, si on mesure 1 mm, cela représente 50 mm.
- Enfin, si on mesure 32 mm, cela représente 32 × 50 mm, soit 1 600 mm.
- Résumé :

1 cm	⇦⇨	50 cm
1 mm	⇦⇨	50 mm
32 mm	⇦⇨	32 × 50 = 1 600 mm.

Le passage d'une mesure sur plan à la dimension réelle (ou l'inverse) peut se présenter sous forme de produit en croix. Ci-dessous deux illustrations pour la même échelle 1/50.

Exemple de passage d'une dimension mesurée (32 mm) à une dimension réelle R

Dimension sur plan	Dimension réelle
1	50
32 mm	R = 50 × 32 / 1 = 1 600 mm

Exemple de passage d'une dimension réelle (6,20 m) à une dimension à dessiner D

Dimension sur plan	Dimension réelle
1	50
D = 1 × 6 200 / 50 = 124 mm	6,20 m, soit **6 200 mm**

Notons qu'il ne s'agit là que de simples produits en croix. On peut les écrire de manière détaillée ou bien adopter une écriture simplifiée si on est suffisamment à l'aise, selon son habitude.

2.3 Choix de l'échelle

Il est évident que plus l'échelle réduit le dessin, moins la qualité des détails est importante.

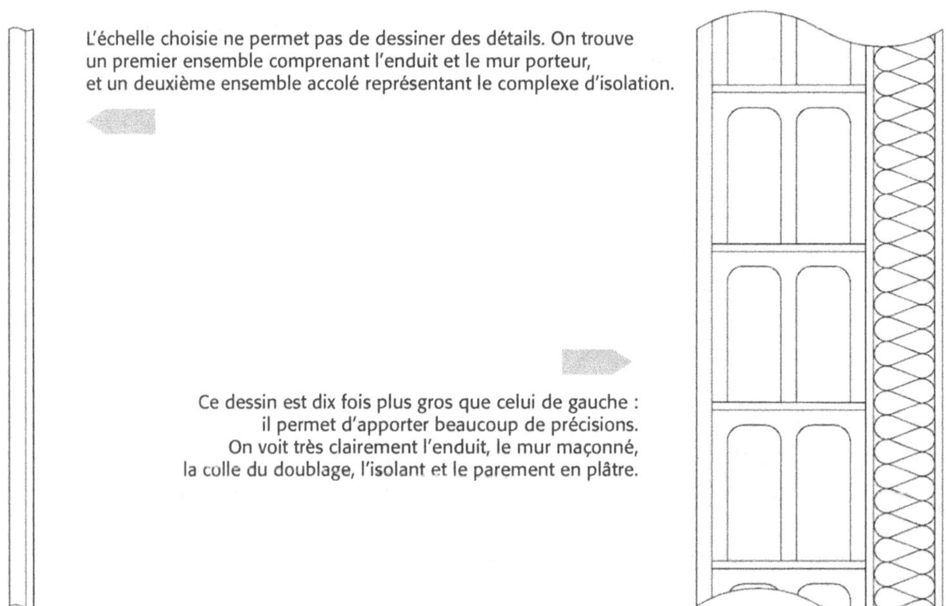

Exemple de composition d'un mur (coupes verticales) à deux échelles différentes

Nota

Le choix de l'échelle dépend de la précision recherchée, laquelle augmente au fur et à mesure de l'avancement du projet.

Application

Énoncé

1. Sur un plan au 1/100, on mesure la largeur du bâtiment : 8,20 cm.
   Quelle est la dimension correspondante en centimètres dans la réalité ?
   Combien vaut-elle en mètres ?

2. Sur un dessin de détail au 1/5, l'épaisseur d'isolant mesurée est de 24 mm.
   Quelle est l'épaisseur réelle d'isolant ?

3. Vous devez dessiner l'aménagement d'une pièce de 3,20 m par 3,50 m. Le dessin
   sera réalisé au 1/20.
   Quelle sera la taille (largeur et longueur) du dessin ?
   Quel format de feuille allez-vous choisir ?

4. On vous a fourni un plan qui a été réduit au moment de la photocopie. Vous n'en
   connaissez donc pas l'échelle ; il vous faut la déterminer.
   Pour cela, vous mesurez sur le plan une cote connue, cotée 9,24 m sur le plan.
   Votre mesure indique 131 mm.
   En déduire l'échelle.

Corrigé

Remarque

Il existe plusieurs manières de présenter les calculs amenant au résultat. À la base, il ne s'agit que
de simples produits en croix. On peut cependant écrire les calculs de différentes manières, en
détaillant ou en adoptant une écriture simplifiée si on est suffisamment à l'aise.

1. Sur un plan au 1/100, on mesure la largeur du bâtiment : 8,20 cm.

Solution 1

Dimension sur plan	Dimension réelle
1	100
8,20 cm	R = 100 × 8,20 / 1 = 820 cm

Solution 2

8,20 cm × 100 = 820 cm.

(La dimension réelle étant plus grande que la dimension dessinée, on multiplie par le
facteur d'échelle.)

Réponses

Dimension correspondante en centimètres dans la réalité : 820 cm.
Dimension réelle en mètres : 8,20 m.

Remarque

Dans la solution 2, bien que non mis en évidence, on retrouve le calcul du produit en croix :
8,20 cm × 100 = 1 × R d'où R = 820 cm.

2. Sur un dessin de détail au 1/5, l'épaisseur d'isolant mesurée est de 24 mm.

Solution 1

Dimension sur plan	Dimension réelle
1	5
24 mm	R = 5 × 24 / 1 = 120 mm

Solution 2

24 mm × 5 = 120 mm.

(La dimension réelle étant plus grande que la dimension dessinée, on multiplie par le facteur d'échelle.)

Ou, si vous préférez : 24 mm × 5 = 1 × R, d'où R = 120 mm.

Réponse

Épaisseur réelle d'isolant : 120 mm.

3. Vous devez dessiner une pièce de 3,20 m par 3,50 m au 1/20.

Solution 1

Dimension sur plan	Dimension réelle
1	20
D = 1 × 3 200 / 20 = 160 mm	3,20 m, soit 3 200 mm

Dimension sur plan	Dimension réelle
1	20
D = 1 × 3 500 / 20 = 175 mm	3,50 m, soit 3 500 mm

Solution 2

3 200 mm / 20 = 160 mm et 3 500 mm / 20 = 175 mm.

(Les dimensions dessinées étant plus petites que les dimensions réelles, on divise par le facteur d'échelle.)

Ou, si vous préférez : 1 × 3 200 = 20 × D, d'où D = 3 200 / 20 = 160 mm ;
et 1 × 3 500 = 20 × D, d'où D = 3 500 / 20 = 175 mm.

Réponses

Taille (largeur et longueur) du dessin : 160 mm × 175 mm.

Format de feuille choisi : un A4 (210 × 297 mm). Étant plus grand que la taille du dessin, ce format est suffisant.

4. Détermination de l'échelle

La mesure d'une cote de 9,24 m sur plan indique 131 mm.

Dimension sur plan	Dimension réelle
131 mm	9 240 mm
1 unité	R = 9 240 × 1 / 131 = 70,5 unités

ou bien 9 240 mm × 1 unité = 131 mm × R unités, d'où R = 70,5 unités.

Réponse

Échelle : 1/70,5.

CHAPITRE 3

Étude de cas : lecture de plans

Énoncé

Les plans architecturaux servant de support à l'étude de cas figurent dans les pages suivantes. Sans connaissances techniques particulières, nous pouvons déjà en déduire des informations importantes. Recherchez les informations suivantes.

1. Sur la vue en plan du RdC (rez-de-chaussée), indiquez où se situe chacune des quatre façades : nord, sud, est, ouest.

2. Les cotes de niveau sont indiquées dans un cercle sur chaque vue en plan. Au RdC, on peut voir écrit « ± 0,00 ». À votre avis, cela correspond-il au niveau au-dessus du sol fini (sur le carrelage) ou du sol brut (avant les revêtements de sol) ?

3. Quelle est la différence de niveau entre le RdC et l'étage ?

4. Combien y a-t-il de hauteurs de marche (c'est-à-dire : combien y a-t-il de marches à monter) ? En déduire la hauteur d'une marche.

5. La vue en plan est au 1/100. Mesurez les dimensions intérieures du garage. Quelle est la surface correspondante en mètres carrés ?

6. Le toit dépasse-t-il de la façade en bas de pente (rive d'égout) ? Si oui, de combien de centimètres dans la réalité (la valeur sur dessin sera mesurée horizontalement) ?

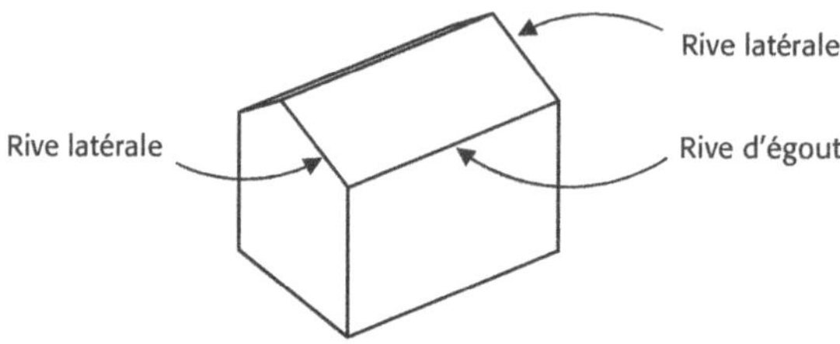

7. Y a-t-il un débord de toiture sur les côtés du toit (rives latérales) ?

8. Sur les vues en plan du RdC et de l'étage, chaque menuiserie extérieure est repérée par une lettre : A, B, C, etc. Cette information ne figure pas sur les quatre façades : à vous d'y reporter ces lettres.

9. Pour chacune des menuiseries identifiées de A à J, préciser son type parmi :
- porte d'entrée ;
- porte de garage ;
- porte-fenêtre/baie coulissante ;
- fenêtre à un vantail (une partie ouvrante) ;
- fenêtre à deux vantaux (deux parties ouvrantes) ;
- châssis (petite fenêtre).

10. Sur la vue en plan de l'étage apparaît le terme « faîtage ». Qu'est-ce ?

11. La fenêtre de la salle de bains mesure 60 × 95 cm. Laquelle de ces deux dimensions correspond à la largeur ? Laquelle correspond à la hauteur ?

12. Y a-t-il un ou deux placards dans le bureau ? Qu'en est-il dans la chambre 1 ? Calculer la surface de la chambre 1, y compris le ou les placard(s) éventuel(s).

13. Repérer, sur les vues en plan, les contours des espaces chauffés (c'est-à-dire isolés thermiquement).

Rez-de-chaussée

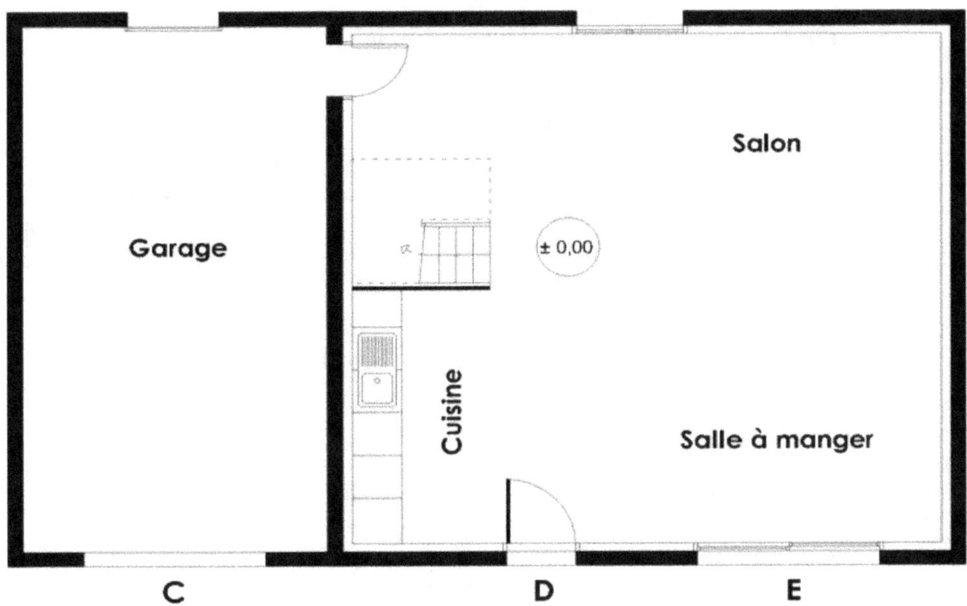

Étage

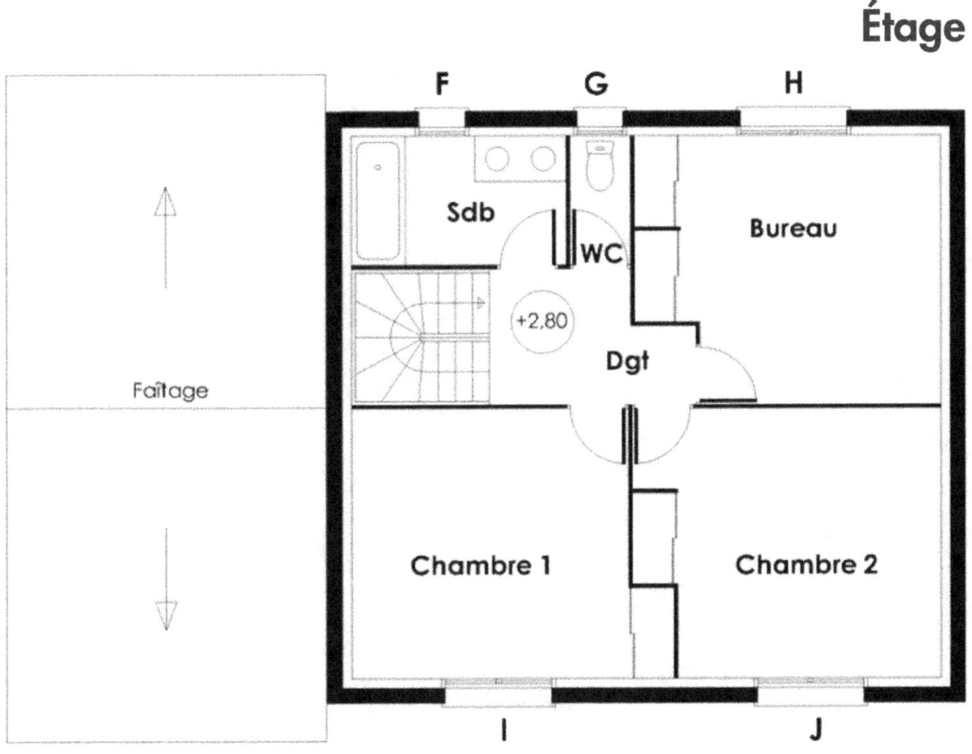

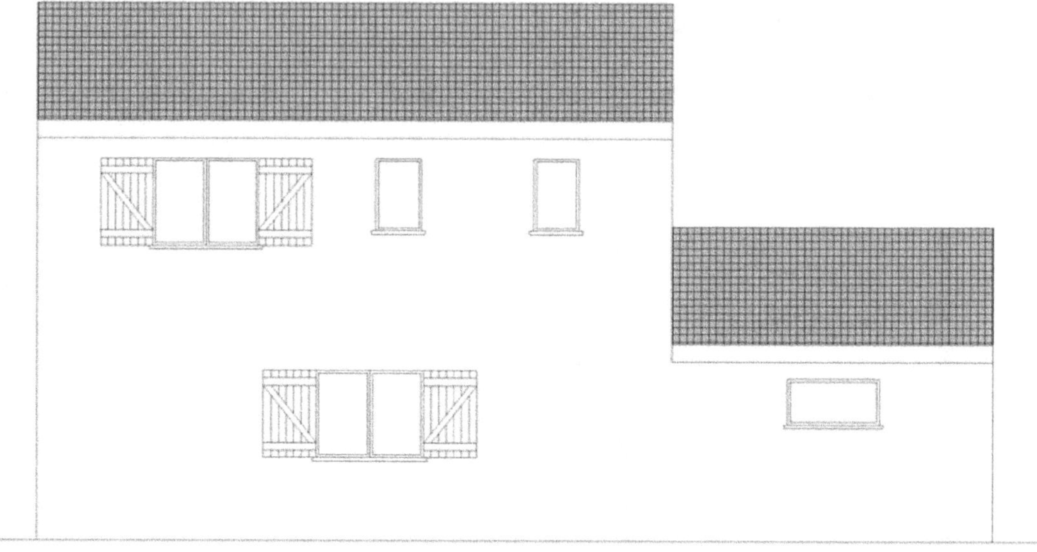

Façade NORD

Façade EST

Façade OUEST

Façade SUD

Corrigé

1. Sur la vue en plan du RdC, indiquez où se situe chacune des quatre façades.

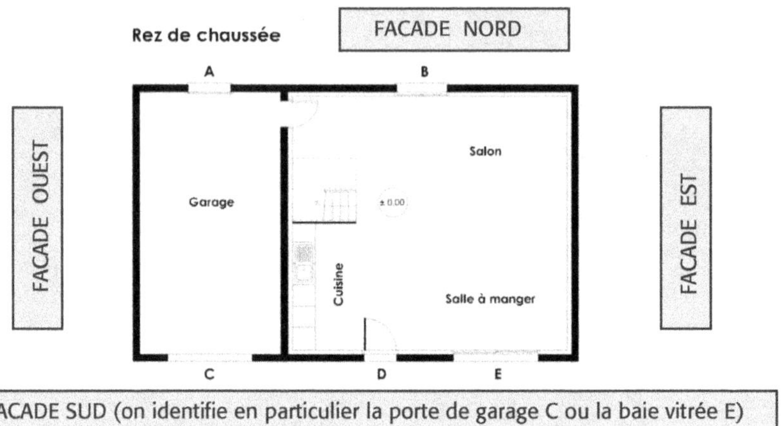

2. Le niveau ± 0,00 est donné sur le dessus du sol fini (sur le carrelage). Il s'agit, en effet, ici d'un plan architectural « tout compris ».

3. Différence de niveau entre le RdC et l'étage : on passe de ± 0,00 à + 2,80. La différence de niveau est donc de 2,80 m.

De manière plus générale, la différence de hauteur $\Delta H = H_{finale} - H_{initiale}$.

Ici, cela donne $\Delta H = 2,80 - 0,00 = 2,80$ m.

4. Il y a quinze hauteurs de marche à monter (voir illustration). La dernière marche est le palier d'arrivée, c'est-à-dire la dalle.

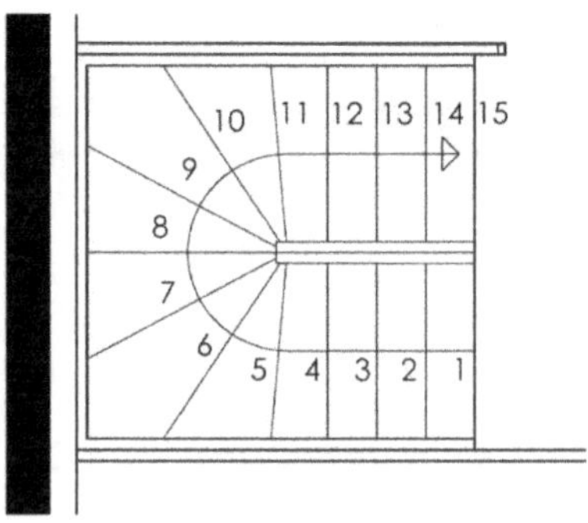

La hauteur d'une seule marche est égale à la hauteur totale à monter (2,80 m, soit 280 cm) divisée par le nombre de hauteurs de marche :

$H = 280$ cm/15 = 18,7 cm (valeur arrondie).

5. Dimensions intérieures du garage : 4,00 m × 7,40 m.
La surface correspondante fait donc 29,60 m² (4,00 × 7,40).

6. Il y a effectivement des débords en rive d'égout (bas de pente du toit).

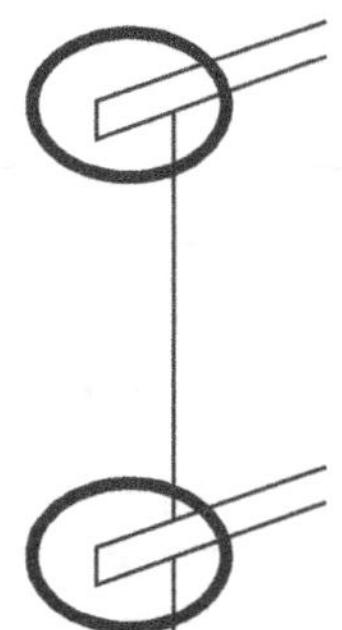

La mesure horizontale d'un débord nous indique 5 mm. Le plan étant au 1/100, cela représente 500 mm dans la réalité, soit 50 cm.

7. Non, il n'y a pas de débord de toiture sur les côtés (rives latérales).

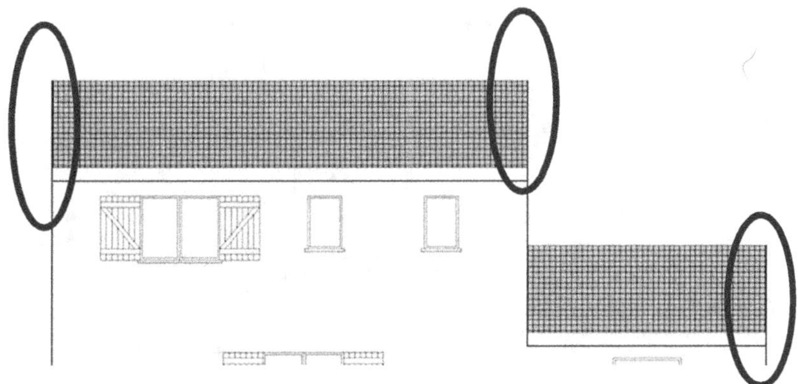

Le toit est dans l'alignement du mur.

8.

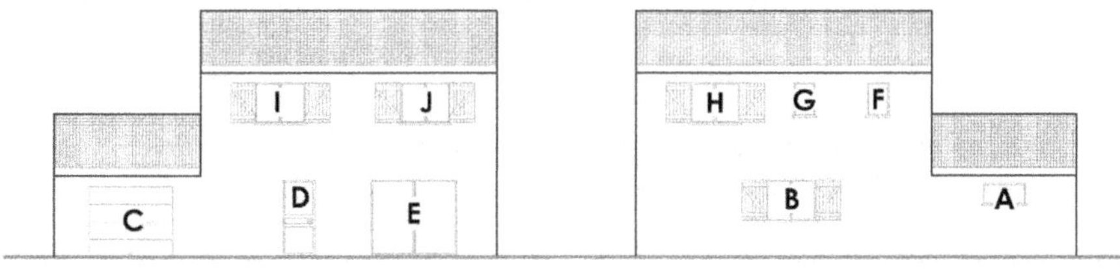

9. Pour chacune des menuiseries identifiées de A à J, préciser le type parmi :
- porte d'entrée ;
- porte de garage ;
- porte-fenêtre/baie coulissante ;
- fenêtre à un vantail (une partie ouvrante) ;
- fenêtre à deux vantaux (deux parties ouvrantes) ;
- châssis (petite fenêtre).

A	Châssis		F	Châssis
B	Fenêtre à deux vantaux		G	Châssis
C	Porte de garage		H	Fenêtre à deux vantaux
D	Porte d'entrée		I	Fenêtre à deux vantaux
E	Baie coulissante		J	Fenêtre à deux vantaux

Les menuiseries A-F-G seront préférentiellement appelées « châssis », car elles sont relativement petites. Il est envisageable de les désigner par « fenêtre à un vantail », mais ce n'est pas ce qu'il y a de préférable.

La menuiserie E est une baie coulissante, car on constate sur la vue en plan que les deux vantaux sont décalés afin de coulisser l'un derrière l'autre.

10. Le « faîtage » correspond au sommet du toit. Ici, il s'agit du faîtage de la toiture sur le garage.

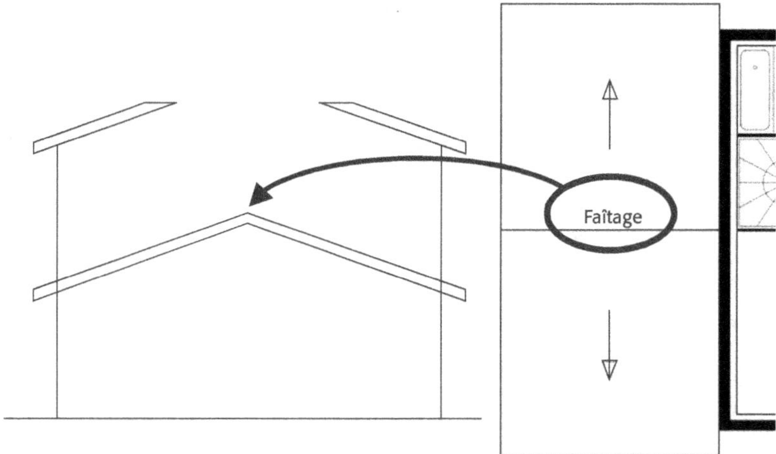

11. Comme on le voit sur la façade Nord, la fenêtre de la salle de bains est plus haute que large. La largeur est donc de 60 cm, et la hauteur mesure 95 cm.

À retenir

> Lorsqu'on donne deux dimensions pour une menuiserie, la première correspond à la longueur, la seconde à la hauteur.

12. Il y a deux placards dans le bureau, et un seul dans la chambre 1.

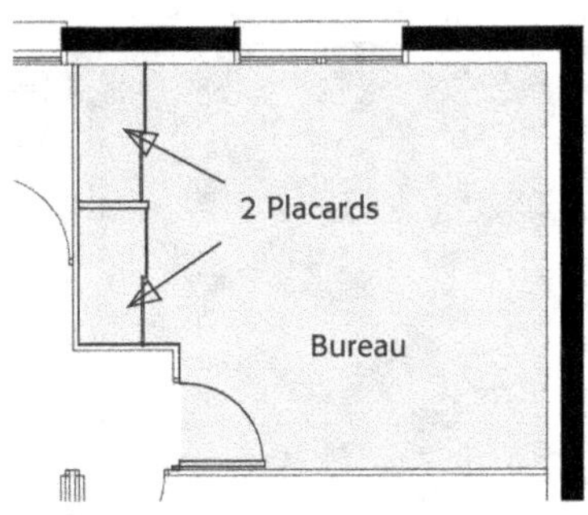

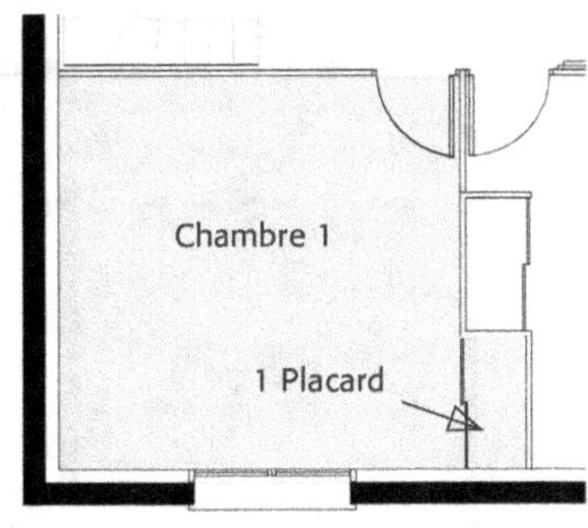

La surface totale de la chambre 1 est égale à la somme de la surface principale et de la surface du placard :

Surface principale : 3,60 (horizontalement) × 3,55 (verticalement) = 12,78 m^2.

Surface du placard : 0,60 (horizontalement) × 1,20 (verticalement) = 0,72 m^2.

Surface totale : 12,78 + 0,72 = 13,50 m^2.

13. Les contours des espaces chauffés (c'est-à-dire isolés thermiquement) sont ici indiqués par un trait épais en pointillé (…), dessiné à l'intérieur des espaces chauffés. Pour plus de lisibilité, les surfaces correspondantes sont aussi grisées (le repérage sur plans figure page suivante, p. 28).

Remarque

Le garage n'est pas chauffé.

Rez-de-chaussée

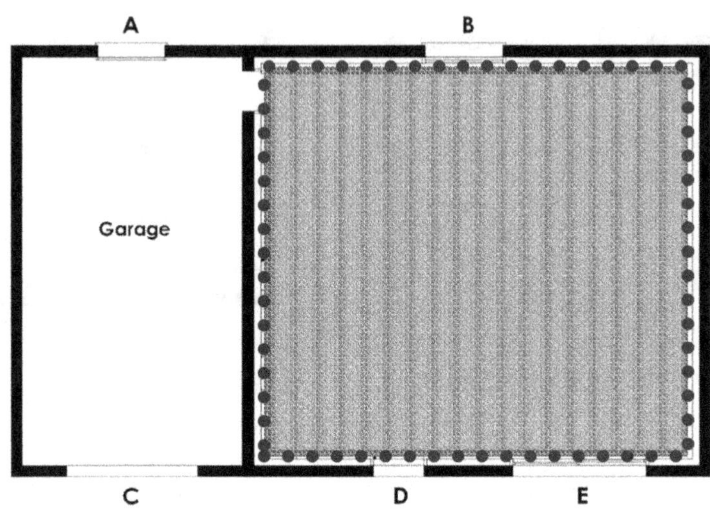

Étage

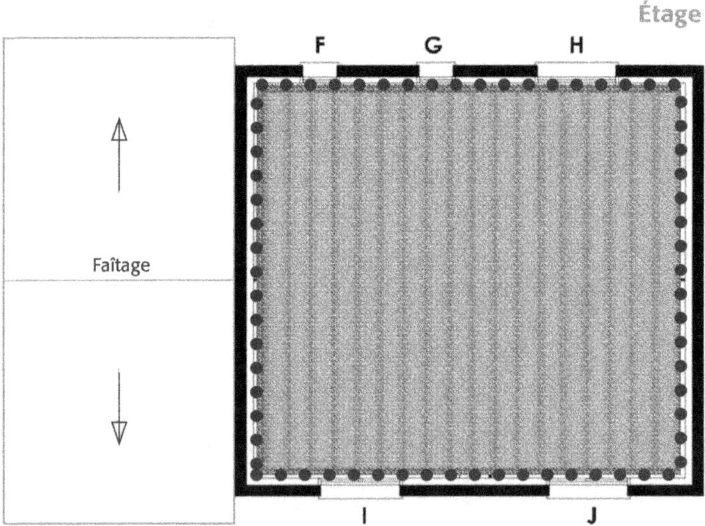

CHAPITRE 4

Les dossiers de plans

4.1 Les deux catégories de plans

Un plan sert à visualiser un ouvrage ou une partie d'ouvrage. Le regard du lecteur peut être porté sous différents angles, à différentes échelles et à différents degrés d'information, selon l'usage qu'il aura du document.

Le client ou l'utilisateur, par exemple, veut voir la répartition des surfaces, les volumes, les points d'éclairage, etc. L'électricien, quant à lui, se préoccupe des emplacements des appareils électriques et des gaines qu'il devra poser.

À chaque usage correspond un plan. Il convient de distinguer :
- les plans architecturaux ;
- les plans d'exécution des ouvrages (PEO).

4.1.1 Les plans architecturaux

Les plans architecturaux permettent de définir l'ouvrage dans sa globalité :
- son aspect visuel ;
- la répartition des espaces, la disposition des pièces ;
- la définition graphique des parois.

Ces plans comportent beaucoup d'informations, pour l'ensemble des corps d'état. Ces informations intéressent, en tout premier lieu, le maître d'ouvrage (la personne qui souhaite faire construire) et, pour partie, les services d'urbanisme (pour les permis de construire).

Focus

Les plans architecturaux ne suffisent pas à définir un ouvrage. Ils doivent être accompagnés de pièces écrites complémentaires : description des matériaux, notes de calcul, etc. Ces pièces écrites sont établies par différents intervenants, parmi lesquels :
– l'architecte ;
– l'économiste de la construction en maîtrise d'œuvre ;
– les bureaux d'études techniques (BET).

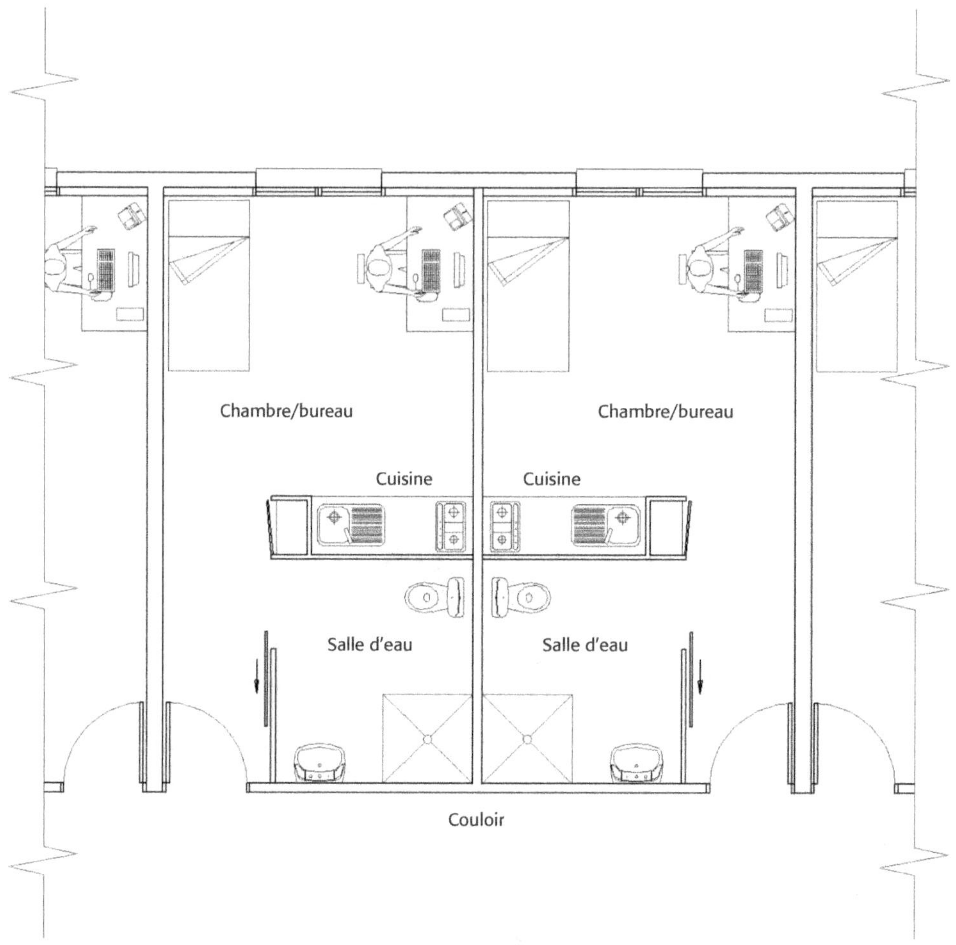

Exemple de plan architectural de logements étudiants

Les plans architecturaux sont mis au point lors de la phase de conception de l'ouvrage, mais ils ne sont pas directement exploitables par les entreprises pour la réalisation des travaux. C'est pourquoi il est nécessaire de réaliser des plans d'exécution des ouvrages.

4.1.2 Les plans d'exécution des ouvrages

À partir des plans architecturaux, les bureaux d'études techniques (BET) vont dimensionner les ouvrages et établir les plans nécessaires à l'exécution des travaux sur chantier (PEO : plans d'exécution des ouvrages).

Plusieurs BET sont amenés à fournir des plans en plus des notes de calculs :

- les BET BA : béton armé ;
- les BET CM : charpente métallique ;
- les BET Fluides : plomberie, climatisation ;
- les BET Courants forts et faibles : électricité, téléphone, etc

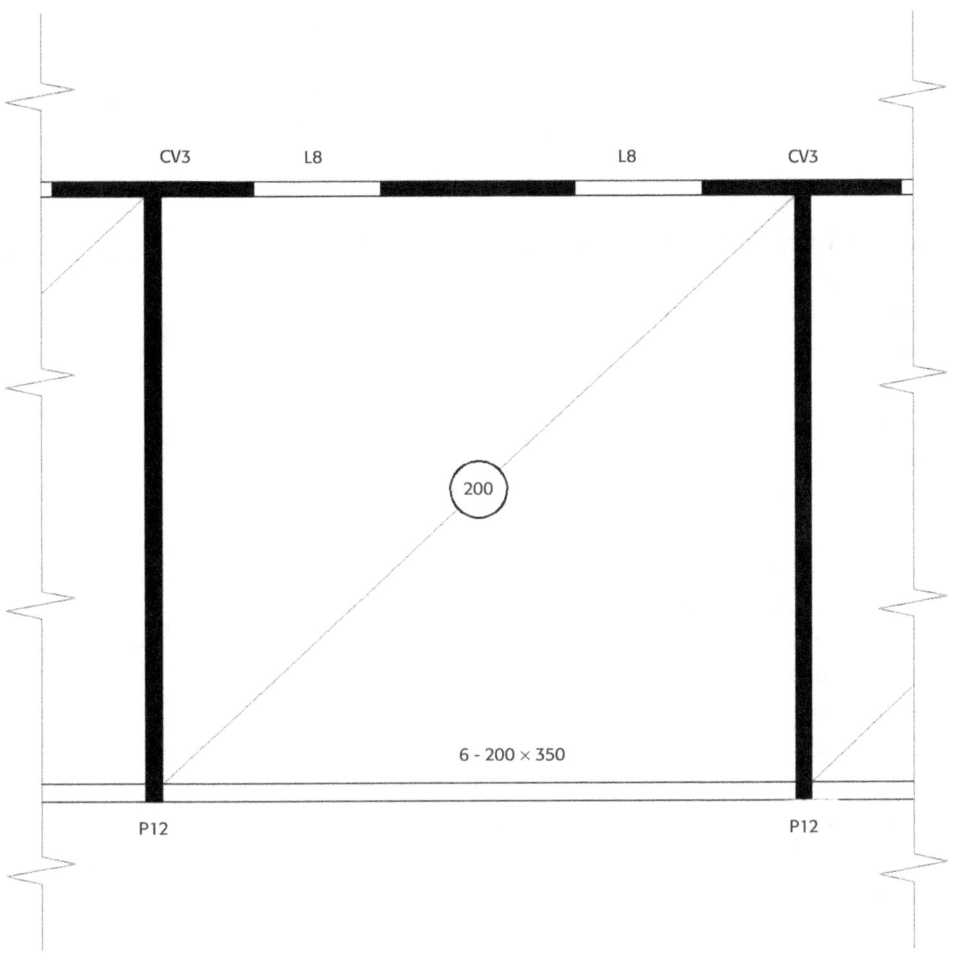

Plan de coffrage de dalle du dossier de logements étudiants présenté précédemment

Prenons l'exemple d'une poutre en béton armé. Les plans architecturaux envisagent une largeur de 20 cm et une hauteur de 35 cm. Cela a été proposé sur la base de l'expérience, en prenant en compte la portée (longueur entre les porteurs) de la poutre. Le BET va, bien sûr, commencer par vérifier si ces dimensions sont suffisantes. Mais il va aussi calculer les diamètres, le nombre et l'espacement des barres d'acier. Il fournira ensuite deux plans pour le chantier :

- le plan de coffrage, qui précise les formes (les contours) des ouvrages en béton, avec toute la cotation utile ;
- le plan de ferraillage, qui définit les aciers à mettre en œuvre. Celui-ci sera accompagné d'une nomenclature (tableau qui détaille toutes les caractéristiques des aciers identifiés).

En phase de conception du projet, ces informations n'ont pas été définies. En effet, elles ne sont nécessaires que pour l'exécution des travaux. Notons que les modifications régulières du projet d'ouvrage lors de sa conception ne permettent pas d'établir les plans d'exécution à l'avance.

> Chaque corps d'état doit trouver dans les PEO les informations dont il a besoin.
> Aucune improvisation, aucun calcul complémentaire ne doit être réalisé sur le chantier.

4.2   Inventaire des plans possibles

Le « grand public » est habitué à voir certains plans :

- vue en plan architecturale ;
- façades ;
- plan de masse ;
- vue en perspective.

Il n'imagine que rarement la profusion d'autres plans existants :

- plan de situation ;
- plan topographique ;
- plan d'installation de chantier ;
- coupes verticales ;
- carnet de détails ;
- plan des VRD ;
- plan de coffrage des fondations ;
- plan de coffrage des planchers béton ;
- plan de pose de planchers poutrelles/entrevous ;
- plan de ferraillage ;
- épures ;
- calepinage d'étaiement ;
- calepinage de pose (de carrelage, dalles de plafond, ossature, etc.) ;
- plan de charpente ;
- plan de couverture ;
- plan de plomberie, chauffage, etc. ;
- plan des courants forts et faibles ;
- plan des ventilations ;
- relevé d'ouvrage existant ;
- plan de récolement ;
- etc.

Ces plans sont presque tous indispensables pour une opération courante. Seuls des petits dossiers plus ou moins répétitifs (maisons individuelles, par exemple) peuvent être réalisés avec moins d'éléments.

La tentation est parfois grande de vouloir éluder les plans d'exécution des ouvrages en se basant sur les compétences des « hommes de l'art » des entreprises de construction. Il convient donc de rappeler que tous ces documents sont nécessaires pour déterminer qui fait quoi. Pour terminer, rappelons que : « Un travail bien préparé est à moitié terminé ! »

Nota

Les plans sont un des éléments de communication fondamentaux entre les différents intervenants. Ils constituent, en particulier, la preuve des prestations attendues et définissent les responsabilités de chacun.

4.3 Objectifs et particularités de quelques plans

Plan d'ensemble

C'est une vue en plan, c'est-à-dire une coupe horizontale vue de dessus.

Le plan de coupe doit passer par toutes les menuiseries extérieures (fenêtres, portes-fenêtres, portes, etc.). Il est, par conséquent, à un mètre minimum au-dessus du sol.

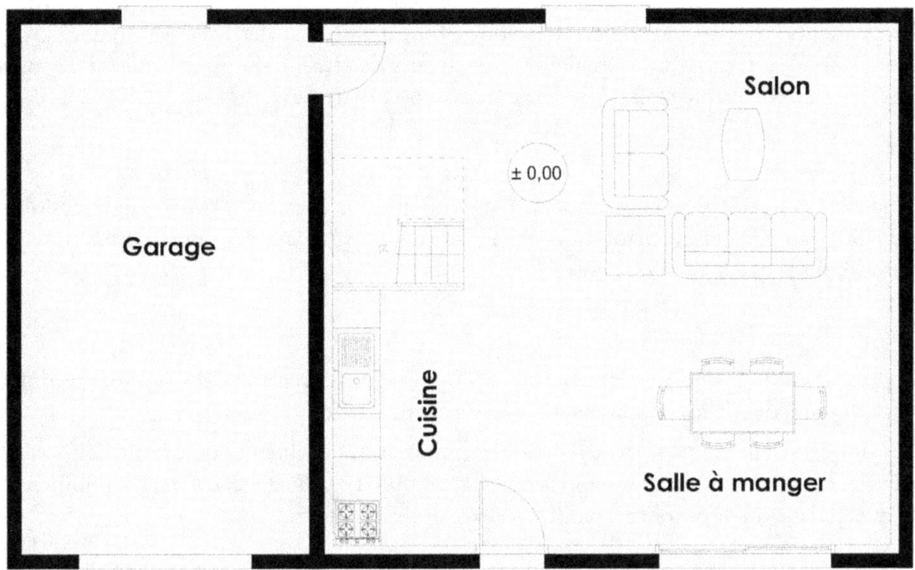

Élévation

Il s'agit d'une projection sur un plan vertical d'une vue (face ou coupe). Les façades sont des vues en élévation.

Coupe

Une coupe permet de voir à l'intérieur de l'ouvrage ou d'un objet : en coupant l'ouvrage en deux parties, on peut observer ce qui se trouve à l'intérieur. Une « coupe » fait apparaître le plan sectionné ainsi que ce qui est derrière. On se contente, dans certains cas, de ne dessiner qu'une « section » qui ne fait apparaître que le plan sectionné.

Plan de situation

Il permet de localiser le terrain sur la commune. On en déduit les règles d'urbanisme s'appliquant à la parcelle.

Plan de masse

Il indique, en vue de dessus, la composition du projet sur la parcelle à construire : dimensions et implantation, accès, aménagements, accès aux réseaux, etc.

Plan topographique

Il fait apparaître les formes et détails visibles d'un terrain : relief, végétation, constructions existantes, routes, luminaires, réseaux apparents, etc.

Plan d'installation de chantier (PIC)

C'est un plan de masse sur lequel apparaîtront, en particulier, les barrières de clôture, les baraquements (vestiaires, sanitaires, réfectoires, bureaux de chantier), la position de la grue et la zone survolée, les zones de circulation, les espaces de circulation pour livraison des matériaux, les surfaces affectées au stockage de matériels et matériaux.

VRD

Voirie (zones circulables, engazonnées, plantées, etc.) et Réseaux Divers (alimentation en électricité, eau, etc., et évacuation des eaux « sales »…). C'est un plan précis qui donne plus d'informations que le plan de masse.

Plan de coffrage de dalles

Un plan de coffrage doit faire apparaître les porteurs du niveau inférieur (en trait renforcé), et les contours des dalles et poutres qui s'appuient dessus (en trait fort).

C'est donc une vue un peu particulière qui peut poser des problèmes de compréhension. Par exemple, la dalle du 4e étage est appelée « plancher haut du 3e étage ». Cela s'explique par le fait que la dalle du 4e est portée par les murs et poteaux du 3e.

Épure

C'est un dessin à l'échelle 1/1 le plus précis possible permettant de vérifier les formes à réaliser (exemple : épure des cadres d'armatures).

Calepinage

C'est un plan de répartition d'éléments formant un motif ou devant être placés avec précision (exemple : calepinage de carrelage, de luminaires, etc.).

Plan de récolement

Il donne l'état réel de l'ouvrage après l'achèvement des travaux.

> *Nota*
>
> La cotation évolue d'un plan à l'autre afin de s'adapter à l'objectif spécifique du plan et à ses particularités. Selon la norme, elle devrait être faite au millimètre près.

4.4   L'évolution de la précision des plans

Depuis l'esquisse originale jusqu'au moindre dessin d'exécution, la précision des plans augmente progressivement. Le tableau ci-dessous présente des échelles courantes en fonction du niveau d'avancement du projet.

Niveau d'avancement	Objectif	Type de plan	Échelle courante (sauf détails)
Esquisse	Définir les choix architecturaux et fonctionnels	Architectural	1/200
Avant-projet	Préciser la composition générale en plan et en volume	Architectural	1/100
Permis de construire	Obtenir les autorisations d'urbanisme	Architectural	1/100
Projet	Définir précisément l'ouvrage	Architectural + PEO	1/50 ou 1/75
Préparation et exécution des travaux	Fournir à chaque entreprise les informations indispensables à la réalisation des travaux	PEO	1/50 ou 1/25 ou 1/20

Les dessins de détails apparaissent essentiellement lors des phases « Projet » et « Préparation et exécution des travaux ». Les échelles alors utilisées sont : 1/10, 1/5, 1/2, 1/1.

4.5   Le dossier de permis de construire

Le permis de construire (PC) est une autorisation administrative qui doit répondre à des règles d'urbanisme. La demande de PC a pour objet de contrôler le projet d'ouvrage sur :
- la conformité aux droits des sols (notamment, le Plan Local d'Urbanisme) ;
- la destination de l'ouvrage en projet ;
- l'implantation (en particulier, les distances avec les limites séparatives) ;
- l'architecture (y compris les couleurs employées) ;
- les dimensions (surfaces, hauteurs) ;
- les aménagements et les plantations.

Pour cela, la demande de permis de construire contient des pièces écrites et des pièces graphiques :
- PC1 : plan de situation du terrain (art. R. 431-7a du Code de l'urbanisme) ;
- PC2 : plan de masse des constructions à édifier ou à modifier (art. R. 431-9) ;
- PC3 : plan en coupe du terrain et de la construction (art. R. 431-10b) ;
- PC5 : plan des façades et des toitures (art. R. 431-10a) ;
- PC6 : un document graphique permettant d'apprécier l'insertion du projet de construction dans son environnement (art. R. 431-10c) ;
- PC7 : une photographie permettant de situer le terrain dans l'environnement proche (art. R. 431-10d) ;

- PC8 : une photographie permettant de situer le terrain dans le paysage lointain (art. R. 431-10d).

Les pièces écrites comportent, quant à elles :

- le formulaire spécifique de demande de permis de construire ;
- PC4 : une notice décrivant le terrain et présentant le projet (art. R. 431-8).

Attention : ces pièces peuvent être accompagnées de pièces complémentaires en fonction de la nature du projet. Actuellement, la liste exhaustive des pièces d'une demande de permis de construire va jusqu'à PC46. Heureusement, toutes ne sont pas nécessaires à chaque demande : cela dépend de la complexité et de la nature du projet.

> ### Nota
>
> Les plans d'aménagements intérieurs ne sont pas demandés : il n'est pas nécessaire de fournir les vues en plan du RdC, de l'étage, etc.

Le permis de construire est l'une des autorisations d'urbanisme. Mais il y en a, en réalité, plusieurs :

- déclaration préalable (DP) ;
- permis de construire (PC) ;
- permis de construire une maison individuelle (PCMI) ;
- transfert de permis de construire ;
- modification de permis de construire ;
- permis d'aménager (PA) ;
- permis de démolir (PD), si indépendant d'un PC.

> ### Nota
>
> Des modifications interviennent parfois, comme la limite de surface créée permettant de se contenter d'une DP au lieu d'un PC, ou la notion de surface de plancher.
>
> Pour être certain d'avoir les dernières informations à jour, il est conseillé de consulter les sites internet officiels de l'État.

CHAPITRE 5

Étude de cas

Les pages suivantes comprennent plusieurs plans qui concernent le même bâtiment. Ces plans permettent de définir l'ouvrage ou une partie de l'ouvrage.

Énoncé

Pour chacun des plans, il vous est demandé :

- d'identifier la catégorie du plan (plan architectural ou plan d'exécution des ouvrages) ;
- de préciser le type de plan (façade, plan de masse, plan de calepinage, etc.).

Cette analyse se basera sur votre raisonnement et sur le chapitre concernant les dossiers de plan. Elle pourra être présentée sous la forme suivante :

Repère	Plan architectural ou Plan d'exécution des ouvrages	Type de plan
Plan 1		
Plan 2		
Plan 3		
Plan 4		
Plan 5		
Plan 6		
Plan 7		

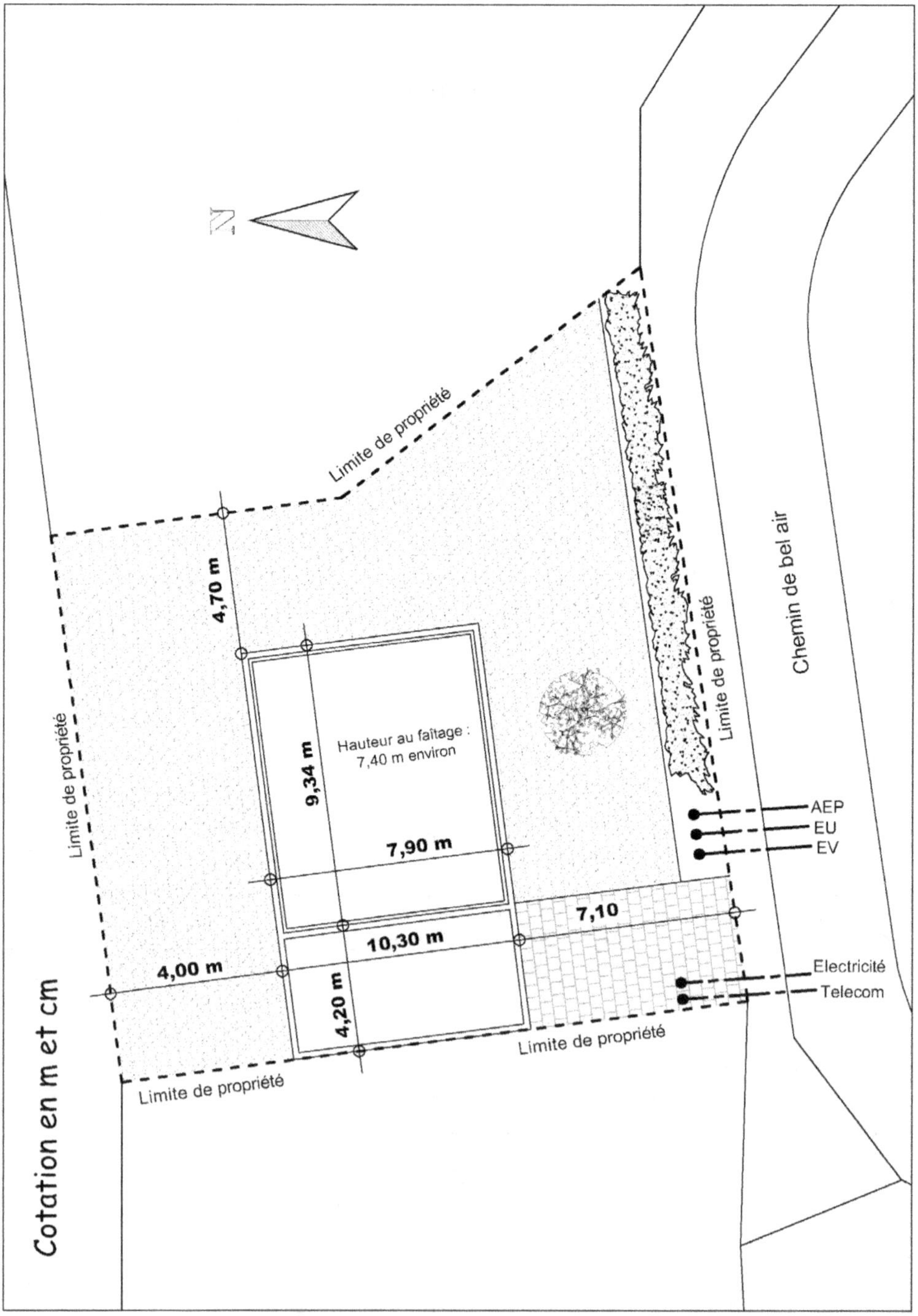

N
Limite de propriété
Chemin de bel air
Limite de propriété
4,70 m
9,34 m
Hauteur au faîtage :
7,40 m environ
7,90 m
10,30 m
4,20 m
4,00 m
7,10
AEP
EU
EV
Electricité
Telecom
Limite de propriété
Limite de propriété
Cotation en m et cm
Plan

sans échelle
enduit de façade ocre
finition grattée
TF
TN
Limite de propriété
Limite de propriété

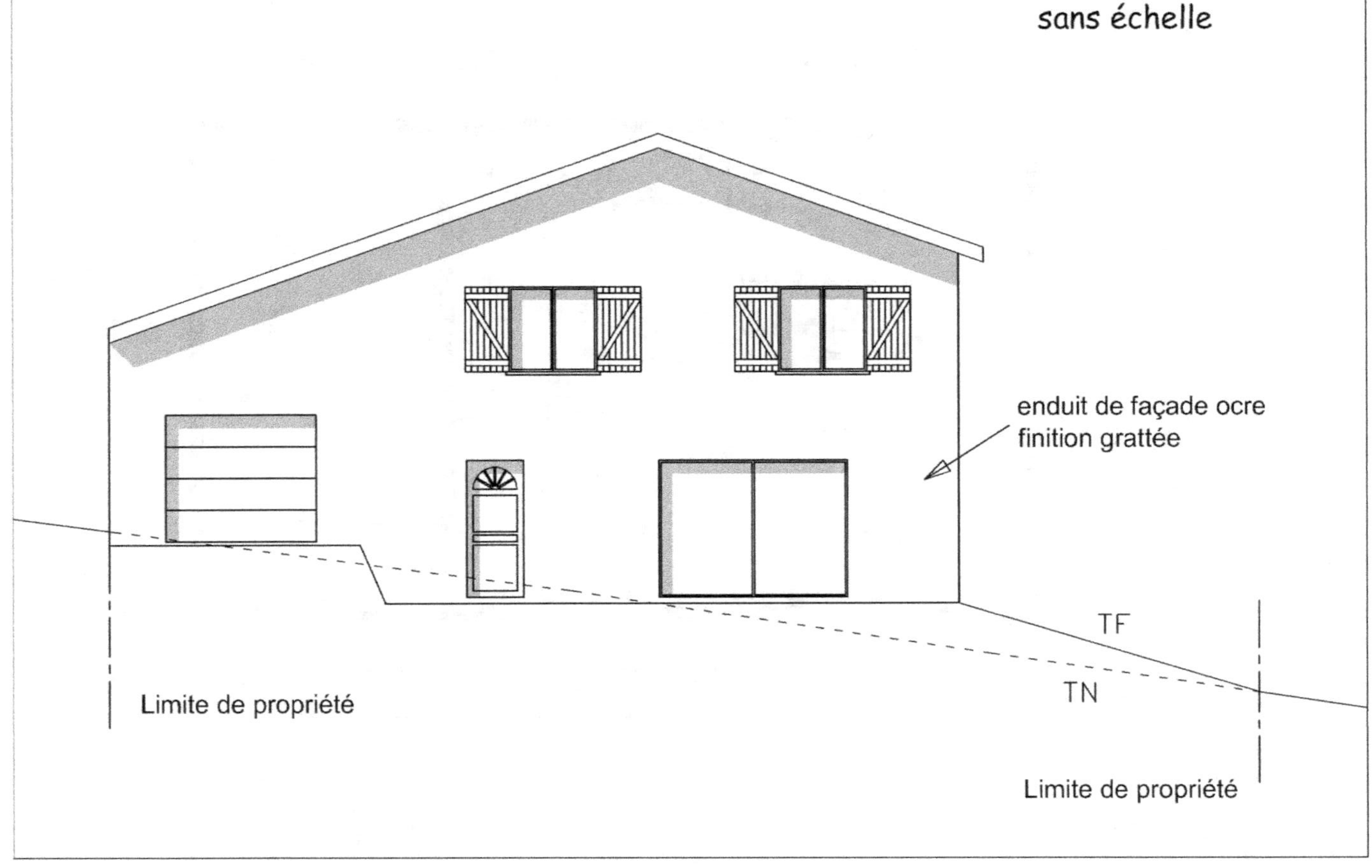

Plan 2

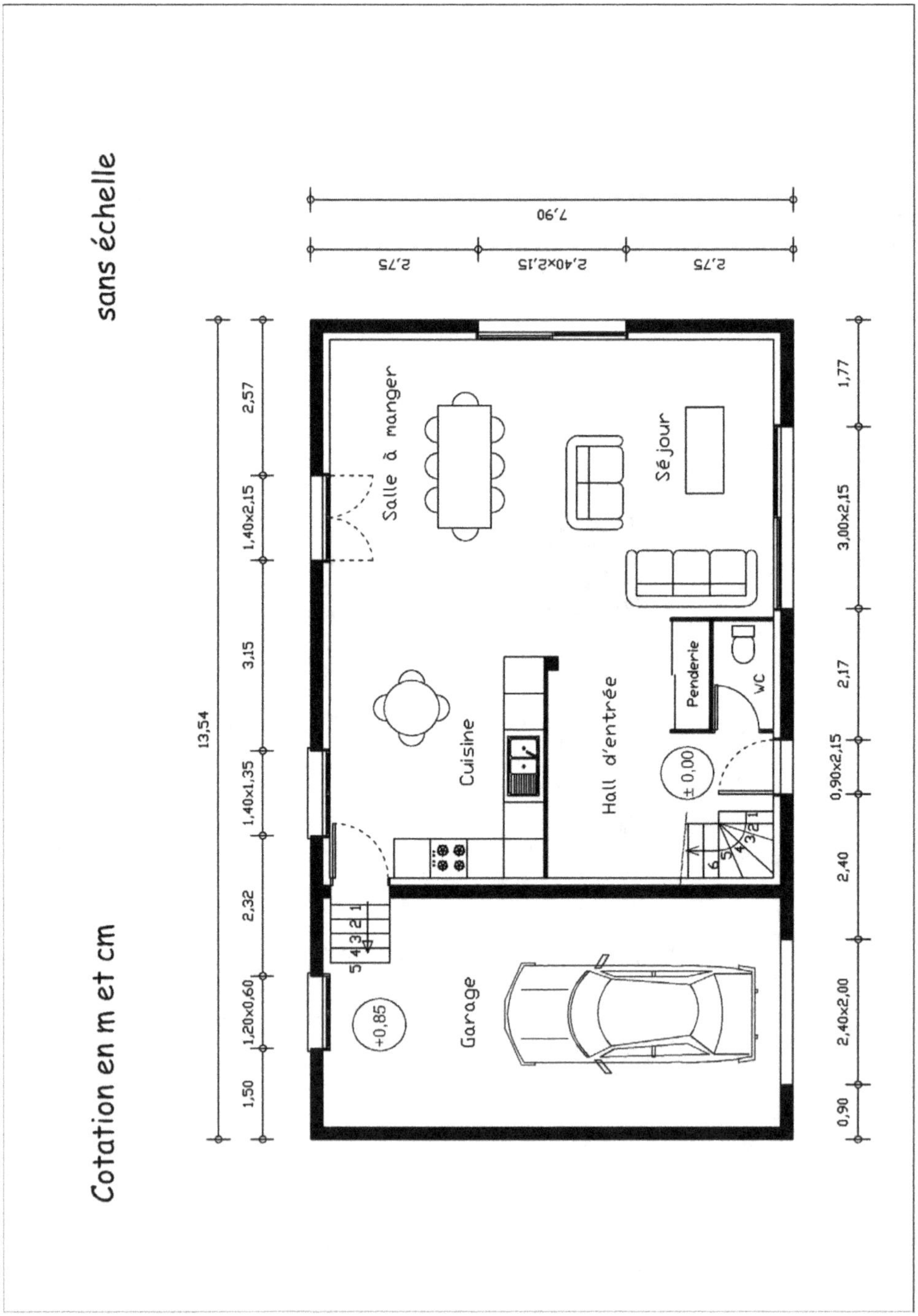

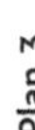

sans échelle
Cotation en m et cm
13,54
1,50
1,20x0,60
2,32
1,40x1,35
3,15
1,40x2,15
2,57
7,90
2,75
2,40x2,15
2,75
1,77
3,00x2,15
2,17
0,90x2,15
2,40
2,40x2,00
0,90
+0,85
Garage
Cuisine
Salle à manger
Séjour
Hall d'entrée
± 0,00
Penderie
WC
Plan 3

Cotation en m et cm
Profondeur hors-gel des fondations : 75 cm
sans échelle

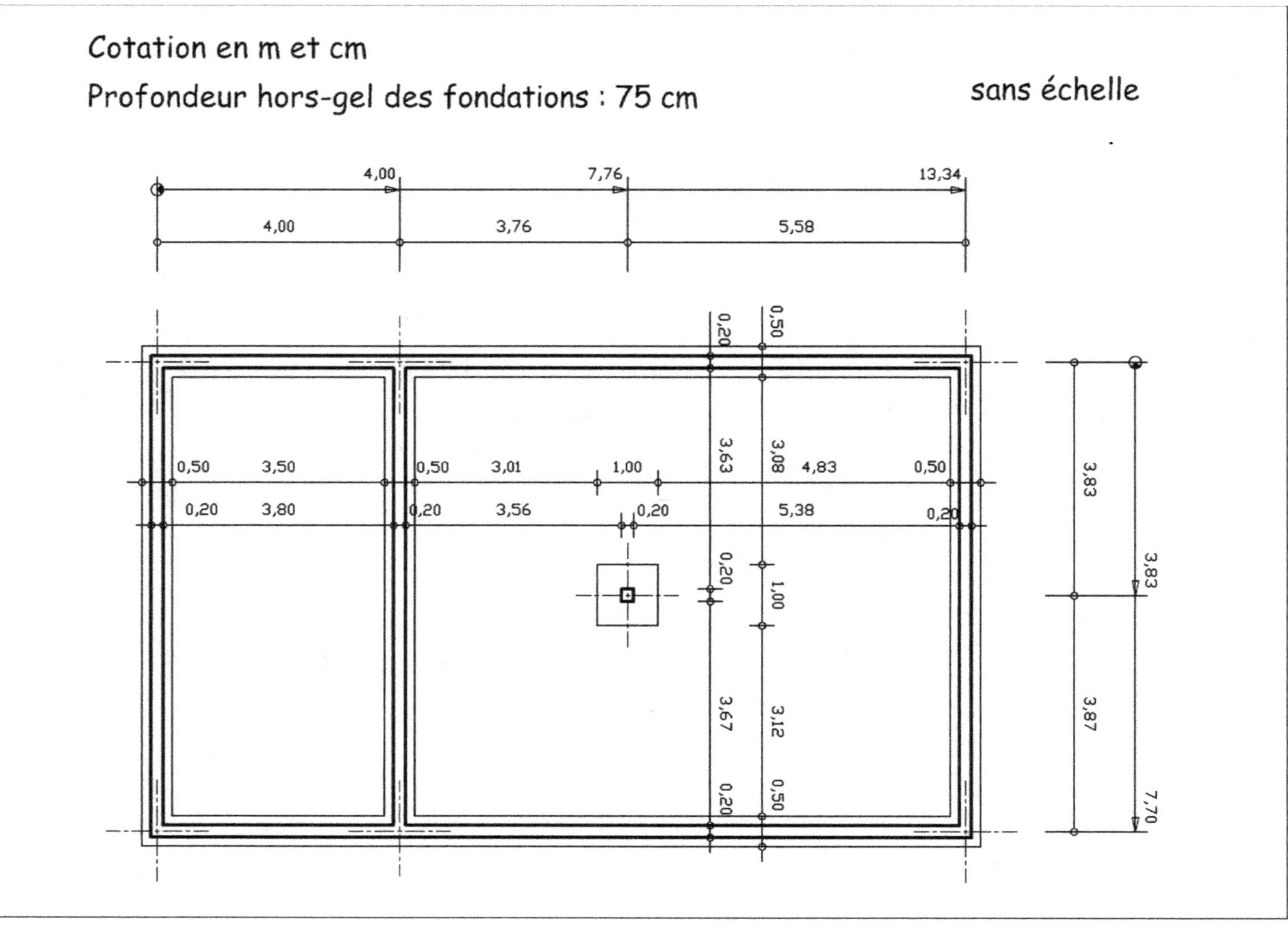

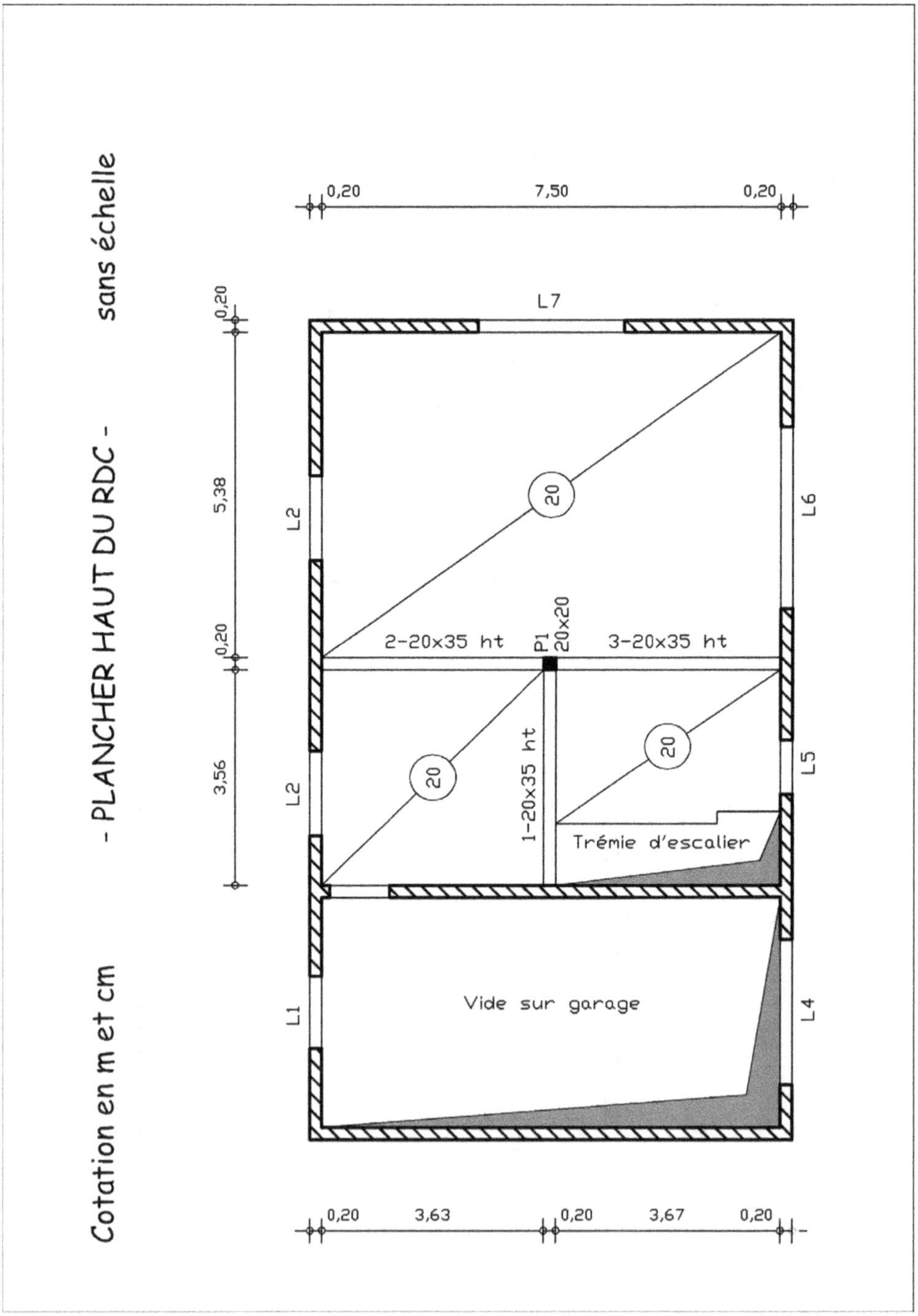

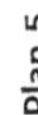

Cotation en m et cm
- PLANCHER HAUT DU RDC -   sans échelle
0,20   7,50   0,20
0,20
5,38
0,20
3,56
L7
L2
L6
L2
L5
L1
L4
2-20x35 ht
P1 20x20
3-20x35 ht
1-20x35 ht
20
20
20
Trémie d'escalier
Vide sur garage
0,20   3,63   0,20   3,67   0,20
Plan 5

Rez-de-chaussée

sans échelle

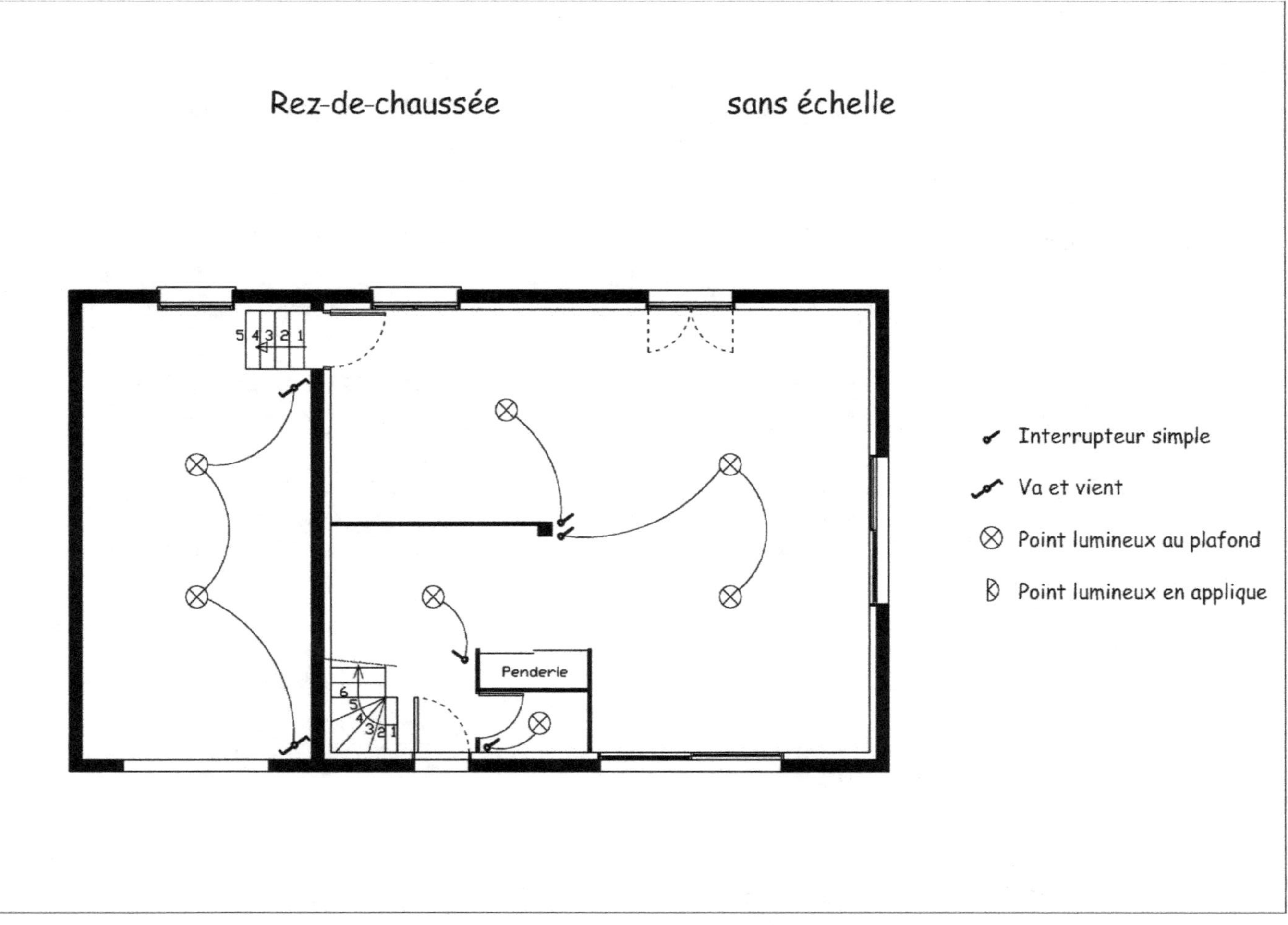

Plan 6

- CARRELAGE AU SOL ET MURAL DE LA SALLE DE BAIN -   sans échelle

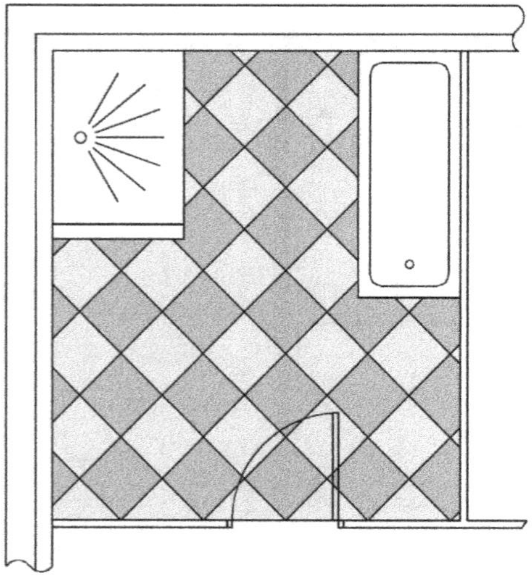

- Mise en oeuvre en diagonale
- Carreaux 400 x 400 mm de teintes bambou brun et bambou naturel
- Premier carreau axé sur la porte d'entrée
- Pas de carrelage sous la baignoire ni sous le bac à douche et sa cloison séparative

Cotation en mm

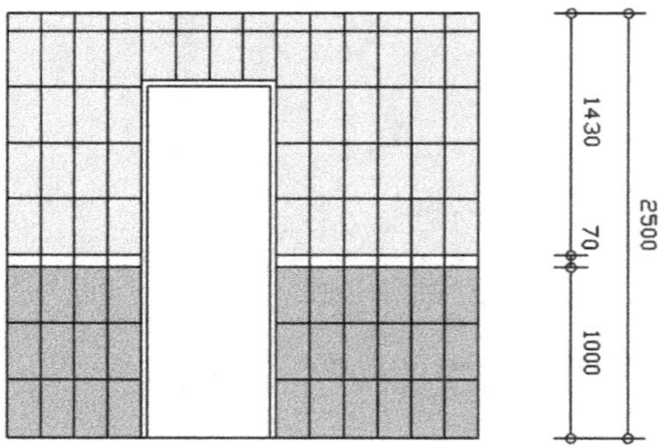

- Carreaux 200 x 330 mm teinte bambou brun en partie basse
- Frise de 70 mm à motifs « bambous »
- Carreaux 200 x 300 mm teinte papyrus en partie haute

Plan 7

Corrigé

Repère	Plan architectural ou plan d'exécution des ouvrages		Type de plan
Plan 1	Plan architectural		Plan de masse
	On identifie, en particulier, l'environnement et l'ouvrage prévu, ses dimensions et son implantation sur le terrain.		
Plan 2	Plan architectural		Plan de façade
	Il s'agit de l'une des quatre façades de l'ouvrage.		
Plan 3	Plan architectural		Plan d'ensemble du RdC
	Vue en plan comprenant répartition des espaces, aménagement envisageable et dimensions.		
Plan 4	Plan d'exécution des ouvrages		Plan de fondation
	On voit les murs enterrés en trait renforcé (épais), les fondations qui sont, bien sûr, plus larges que les murs, et la cotation nécessaire.		
Plan 5	Plan d'exécution des ouvrages		Plan de coffrage de dalle
	Cette dalle en béton armé de 20 cm d'épaisseur est portée par les murs et des poutres de 200 mm de largeur × 350 mm de hauteur.		
Plan 6	Plan architectural		Plan d'aménagement électrique : l'éclairage
	Ce plan définit le positionnement des appareils. Il ne définit pas les matériaux à mettre en œuvre ; ce n'est donc pas un PEO.		
Plan 7	Plan d'exécution des ouvrages		Plan de calepinage du carrelage
	On trouve ici les carrelages prévus et leur répartition.		

Les traits et hachures

Chaque type de trait ou de hachure a une signification particulière : c'est un code de communication qui permet de comprendre facilement le plan.

6.1   Les différents types de traits

Les cinq principaux types de traits utilisés pour représenter les différentes vues d'un ouvrage sont :

1- Le trait continu fort (moyen)	Il est utilisé pour les contours et les arêtes (bords / jonctions entre parois) vus.
2- Le trait continu renforcé (épais)	Lorsqu'on dessine une coupe ou une section, les parties coupées sont dessinées avec ce trait.
3- Le trait continu fin	Il est principalement utilisé pour : • Les traits de cotation ; • Les lignes de repère ; • Les hachures.
4- Le trait interrompu (fort ou fin)	Il est utilisé pour signaler les contours et arêtes cachées.
5- Le trait mixte (fin)	Il est utilisé pour tracer les axes.

Lorsqu'on ne dessine qu'une partie d'un ouvrage, la limite de vue doit être signalée par l'un des trois traits suivants :

- le trait continu fin à main levée ;

- le trait continu fin rectiligne avec zigzags ;

- le trait mixte fin pour les plans de symétrie. 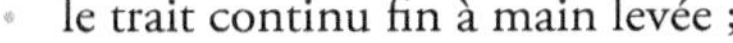

6.2 Les différents types de hachures

Il existe des représentations normalisées des hachures, afin qu'elles soient compréhensibles par tout le monde. Chaque type de hachure représente un matériau ou une famille spécifique de matériaux.

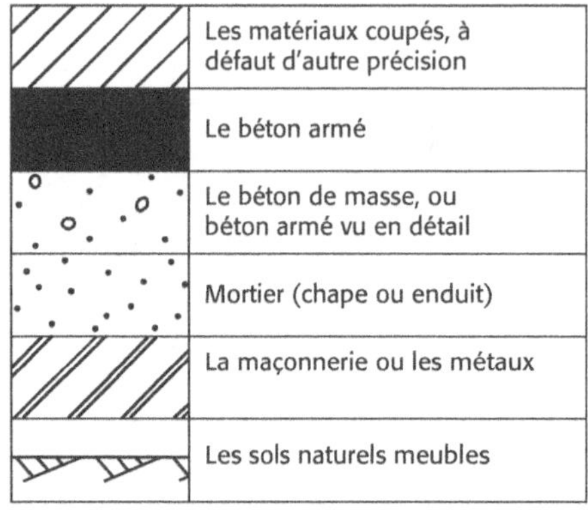

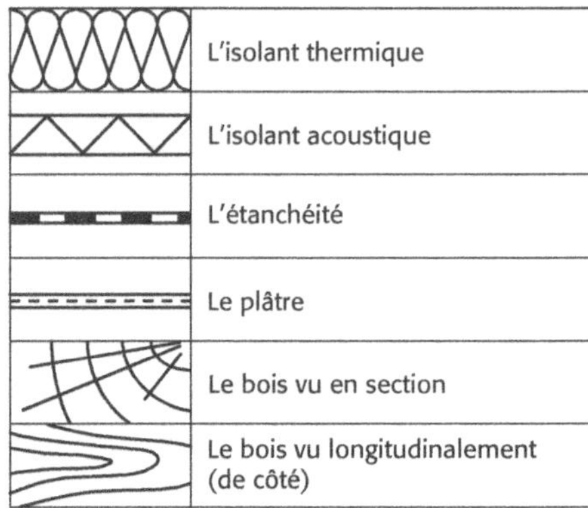

Les plans sont, par ailleurs, souvent complétés par des hachurages personnalisés, en général pour indiquer la localisation de certaines prestations ou matériaux. Il est alors impératif de trouver sur le plan une légende explicative.

Nota 1

En tant qu'utilisateur de plans, vous constaterez que ces représentations sont fréquemment adaptées par l'auteur du dessin.

Nota 2

Les hachures peuvent être différentes en fonction de l'échelle de représentation.

Voici un exemple pour le béton armé, à deux échelles différentes, afin de conserver de la lisibilité :

Ici, il ne serait pas possible d'utiliser le type de hachures utilisées à droite.

Application

Énoncé

En application de ce chapitre, compléter le dessin ci-dessous avec les hachures correspondantes.

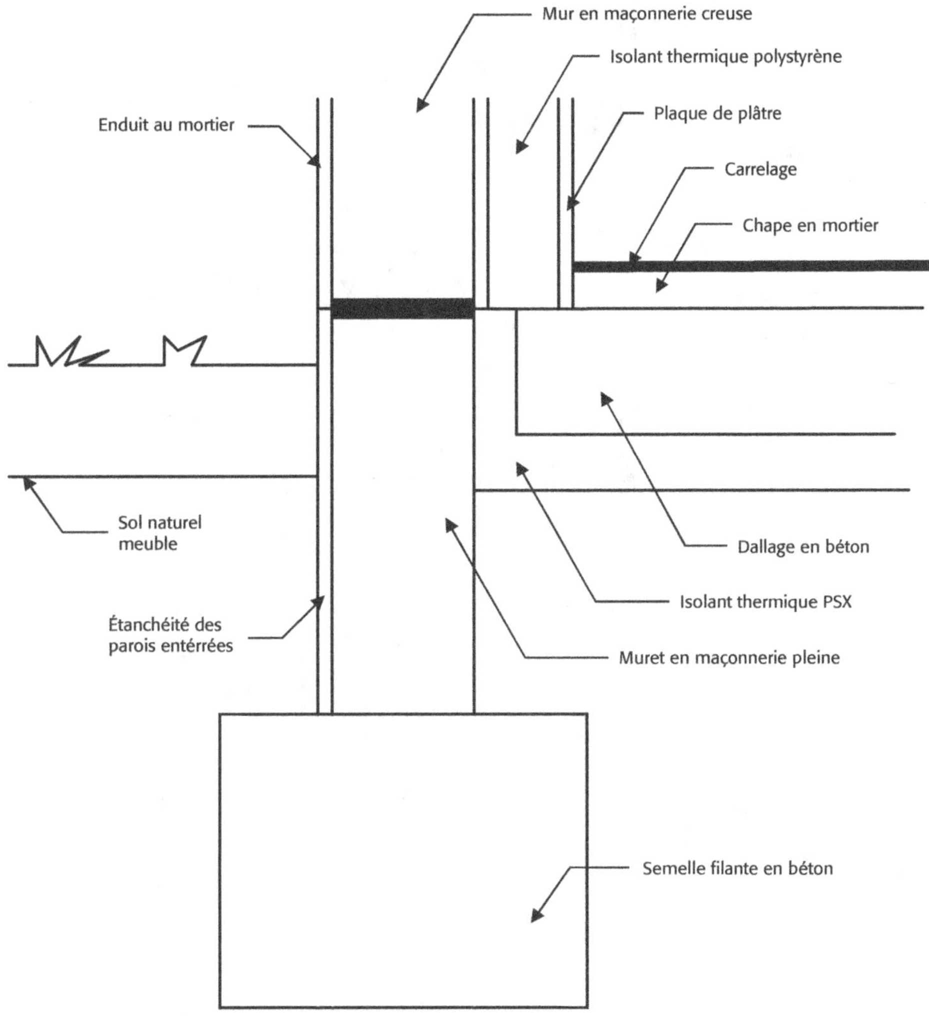

Corrigé

Mur en maçonnerie creuse
Isolant thermique polystyrène
Enduit au mortier
Plaque de plâtre
Carrelage
Chape en mortier
Sol naturel meuble
Dallage en béton
Isolant thermique PSX
Étanchéité des parois entérrées
Muret en maçonnerie pleine
Semelle filante en béton

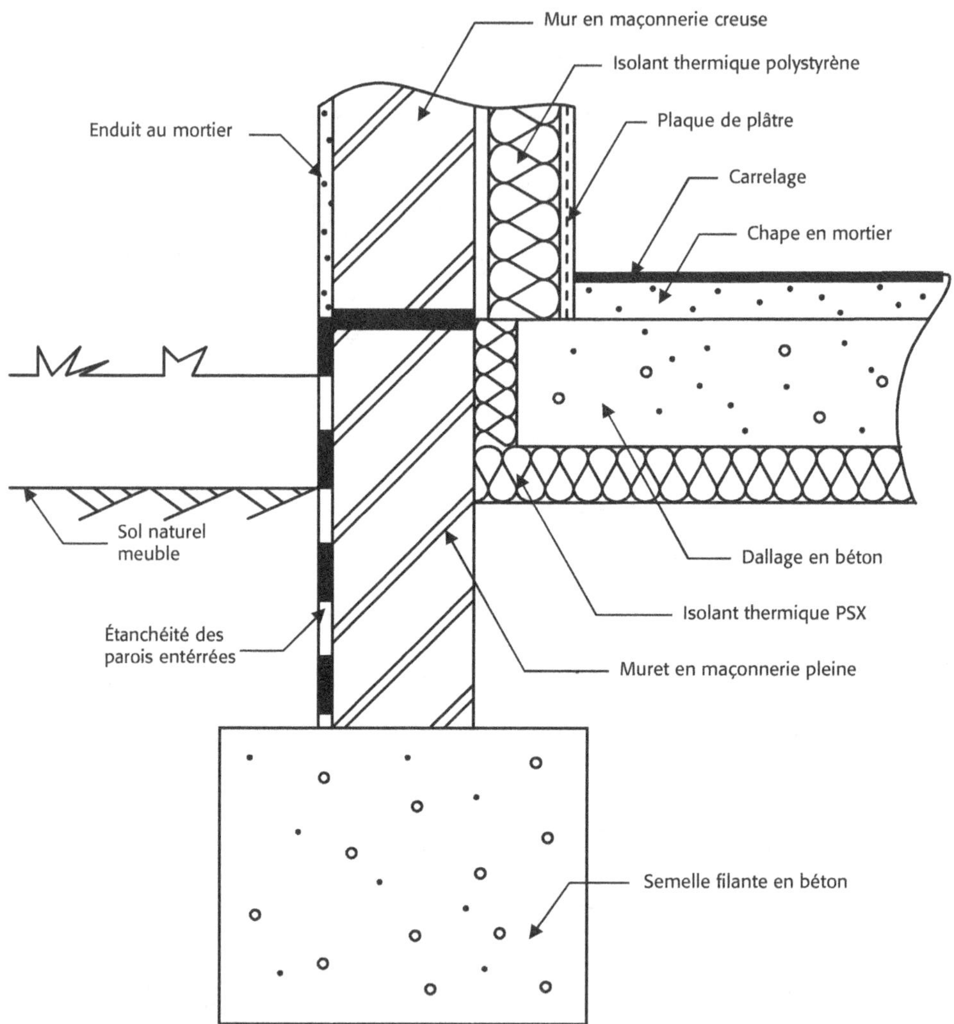

La cotation

Les plans comportent plusieurs cotes ; l'ensemble des cotes forme la cotation. Celle-ci sert à donner les dimensions d'un ouvrage et à le positionner dans son environnement (parcelle de terrain, voirie et réseaux, altitude, etc.).

Il est indispensable de faire figurer sur les plans toutes les cotes nécessaires. On ne devrait pas avoir besoin de mesurer sur les plans ni de calculer une valeur manquante.

7.1   Les cotes de niveau

Elles sont données par rapport à l'une des deux références suivantes :
- le niveau zéro de la France ;
- le niveau zéro de l'ouvrage.

Le niveau zéro de la France métropolitaine correspond à la hauteur moyenne de la mer à Marseille établie d'après les relevés du marégraphe. C'est la référence du nivellement général de la France (NGF).

Le NGF est un ensemble de repères altimétriques disséminés sur le territoire ; ceux-ci permettent de connaître l'altitude de certains points. On trouve ces repères sur des ouvrages pérennes : ponts, mairies, écoles, etc. Ils ont souvent la forme d'un repère cylindrique comportant la référence du repère (le niveau étant donné par rapport au sommet du repère).

Tout ouvrage en France peut, par conséquent, être défini par son altitude NGF.

Le niveau zéro de l'ouvrage est généralement donné sur le sol « fini » du premier niveau habitable : le rez-de-chaussée. La notion de sol « fini » est importante : elle correspond au dessus du revêtement de sol (carrelage, parquet, etc.) et non pas à la dalle « brute » (en béton avant les travaux de finition). Comme l'épaisseur du revêtement de sol peut être importante (chape + carrelage, par exemple), il ne faut pas confondre le niveau sur sol « fini » avec le niveau sur dalle « brute ».

À partir de ce niveau de référence, on va pouvoir repérer les altitudes positives et négatives des différentes parties d'ouvrage.

Par exemple, le niveau d'un sous-sol enterré pourra être de − 2,650 m, sachant que le niveau de référence ± 0,000 m est donné sur le RdC fini.

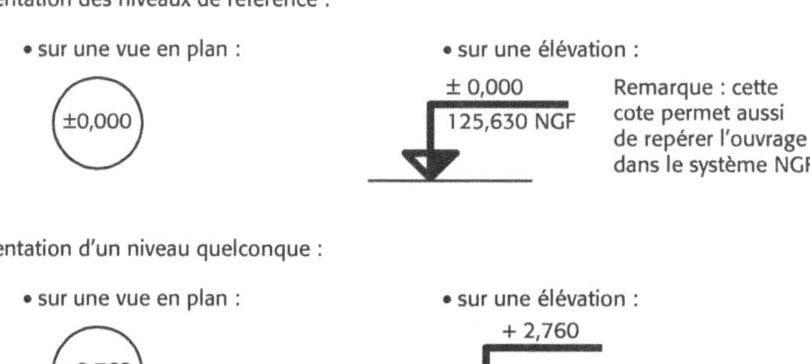

7.2 Les cotes d'épaisseur et de longueur

Focus

La valeur de la cote correspond à la « vraie » dimension, c'est-à-dire celle de l'ouvrage dans la réalité, à l'échelle 1/1.

Ces cotes sont présentes sur les vues en plan, mais aussi sur les coupes verticales. Une cote comprend des lignes d'attache, une ligne de cote, un symbole d'extrémité de cote, et la valeur de la cote.

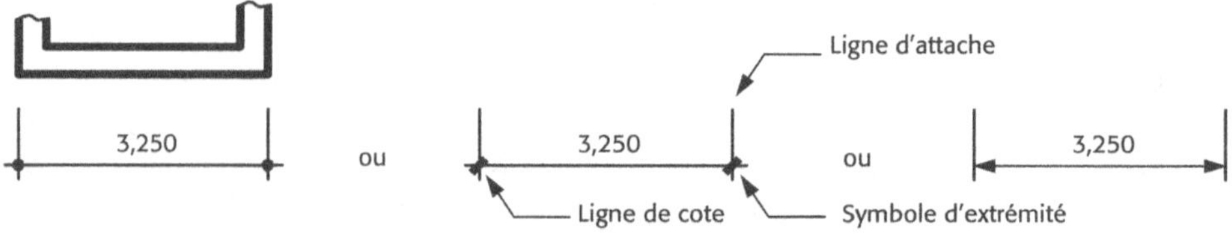

Remarques

1. La ligne d'attache ne touche pas l'objet coté.
2. Il ne devrait y avoir qu'un seul type de symboles d'extrémité par plan.
3. Le nombre est légèrement décalé de la ligne de cote pour plus de lisibilité.

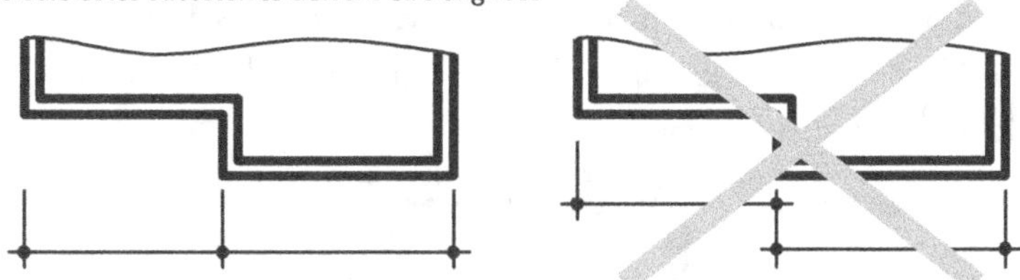

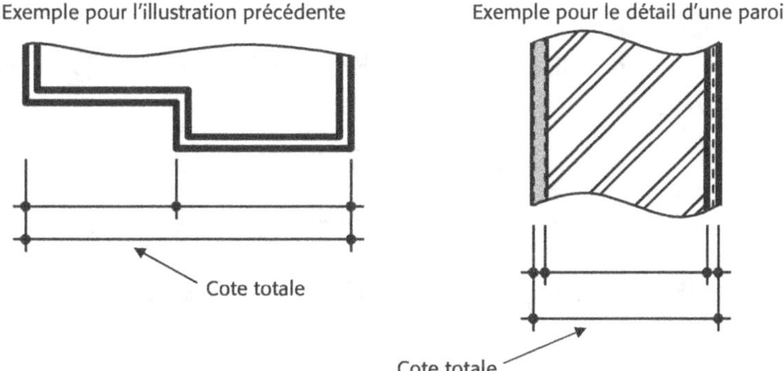

7.3   Les unités

Les unités devraient être indiquées en mètres et/ou en millimètres, conformément au système international des unités.

Exemples : 120 mm - 4,600 m - 2 500 mm.

Cependant, la précision du millimètre n'est pas toujours pertinente dans le bâtiment. Par conséquent, on trouve certains plans dont la cotation est faite en centimètres (par exemple, pour des travaux de maçonnerie). Dans ce cas, l'unité de cotation devrait être précisée avec la cote ou dans le cartouche.

Application

Énoncé

En vous servant de votre bon sens, précisez quelles sont les unités de cotation.

1. Voici les contours de la vue en plan d'une maison individuelle.
Quelle est l'unité de cotation ?

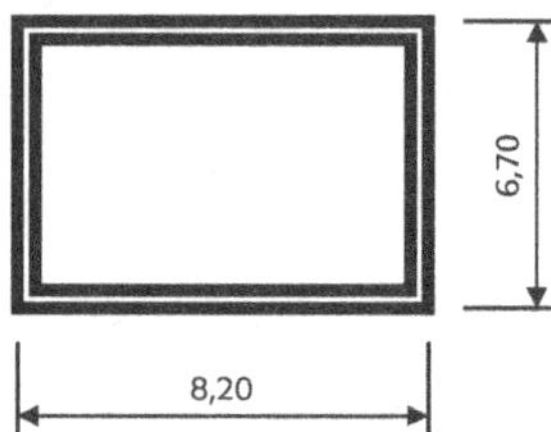

2. Sur un plan, on peut lire que l'épaisseur de la dalle est de 200. Dans quelle unité est-elle donnée ?

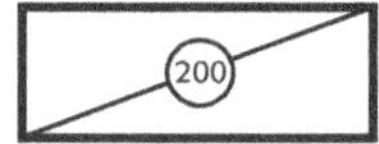

3. Dans un autre dossier de plans, on peut lire que les cloisons mesurent « 5 ». Quelle est l'unité utilisée ?

4. Sur le plan d'une maison « basse consommation », on constate que les murs mesurent 460. Quelle est l'unité utilisée cette fois-ci ?

5. Le plan d'un studio fait apparaître que la largeur de la fenêtre est de 120. Quelle en est l'unité ?

Corrigé

1. L'unité utilisée est le mètre. La maison mesure 8,20 m par 6,70 m.

2. L'unité utilisée est le millimètre. La dalle fait 200 mm d'épaisseur, ce qui fait donc 20 cm.

Erreur possible : penser qu'il s'agit de centimètres. On obtiendrait alors 200 cm d'épaisseur, c'est-à-dire 2 mètres ! Cela n'est pas possible.

3. L'unité utilisée est le centimètre. Les cloisons mesurent 5 cm d'épaisseur.

Erreur possible : penser qu'il s'agit de millimètres. On obtiendrait alors 5 mm d'épaisseur, ce qui ne pourrait pas être suffisamment rigide !

4. L'unité utilisée est le millimètre. Les murs mesurent 460 mm d'épaisseur, soit 46 cm.

Erreur possible : penser qu'il s'agit de centimètres. On obtiendrait des murs de 460 cm, c'est-à-dire 4,60 m ! Ce serait vraiment excessif.

5. L'unité utilisée est le centimètre. La largeur de la menuiserie est de 120 cm, soit 1,20 mètre.

Erreur possible : penser qu'il s'agit de millimètres. Cela voudrait dire 120 mm, soit 12 cm de large, ce qui est bien trop peu.

7.4   Cotation des baies et trumeaux

Une baie est une ouverture dans la paroi ; les trumeaux sont les parties de mur séparant les baies. Sur les vues en plan, on trouve une ligne de cotation des baies et trumeaux située à l'extérieur de l'ouvrage :

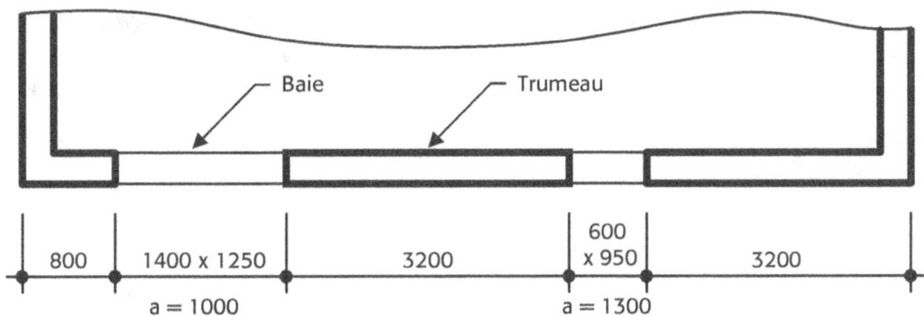

Dans cet exemple, nous avons deux baies : l'une qui mesure 1 400 × 1 250, et l'autre 600 × 950. Les valeurs sont ici données en millimètres.

Les dimensions indiquées pour une baie sont la largeur, puis la hauteur. À gauche, par exemple, nous avons une baie de 1,400 m de large et de 1,250 m de haut.

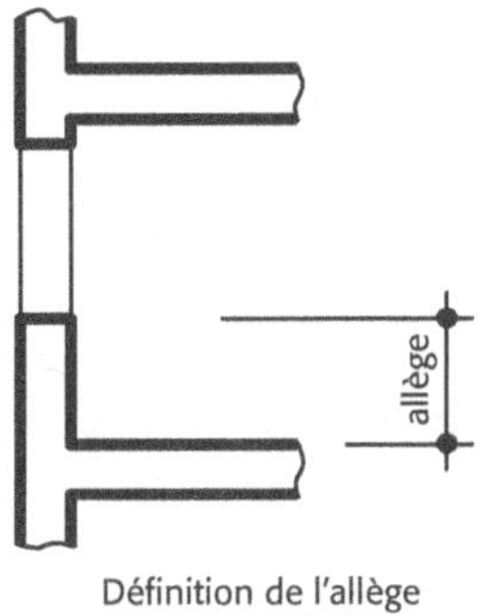

Définition de l'allège
(coupe verticale)

L'autre dimension importante, qui figure en général sous la ligne de cote, est la hauteur d'allège, notée « a … » ou « all. … ».

L'allège est la partie de paroi située entre le sol et la baie (voir schéma ci-contre en coupe verticale entre deux dalles).

La hauteur de l'allège est variable, car quelles que soient les dimensions des menuiseries, on fait en sorte que toutes les parties supérieures des baies soient au même niveau. Par conséquent, si les hauteurs des baies varient, alors les allèges le font aussi.

Nota

Les cotes des baies et trumeaux figurant sur les plans architecturaux diffèrent de celles des plans d'exécution. En effet, sur ces derniers ne figurent pas les épaisseurs d'enduit (c'est important pour les cotes mesurées en plan) ou les revêtements de sol (c'est important pour les hauteurs d'allège).

7.5   Cotation cumulée

Les cotes cumulées sont indispensables pour toutes les opérations d'implantation (tracé sur chantier des travaux à réaliser). Elles permettent d'éviter le report d'une éventuelle erreur intermédiaire du tracé de l'implantation.

Prenons l'exemple d'un immeuble avec plusieurs axes parallèles repérés par des lettres : A, B, C… Ces axes doivent être implantés sur chantier. Ils sont aussi appelés « files ».

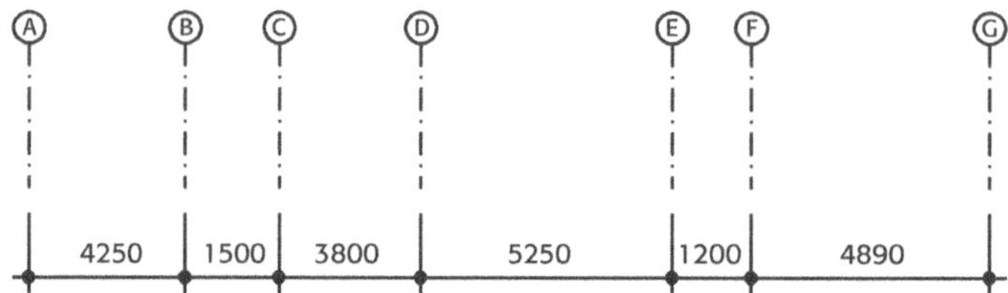

Ces axes ont été tracés sans avoir pris la peine de calculer les cotes cumulées. Malheureusement, au lieu d'avoir mesuré 3,800 m entre les axes C et D, les ouvriers ont tracé 2,800 m. Cette erreur va ensuite se répercuter sur tous les axes suivants : ils seront tous décalés de 1,000 m.

Pour éviter cela, il aurait fallu prévoir sur le plan d'implantation (qui fait partie des PEO) des cotes cumulées à partir d'une seule origine.

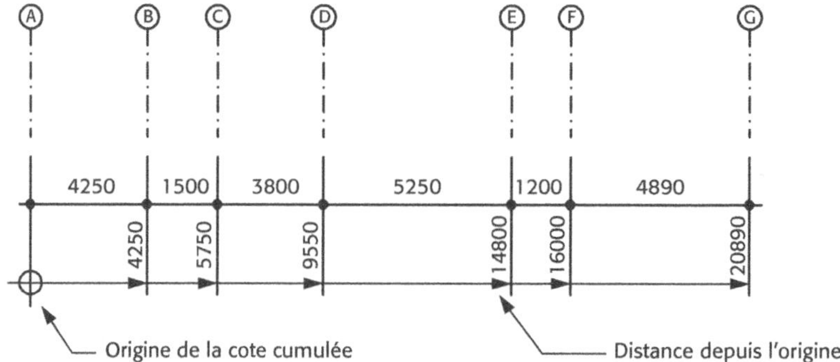

Ici, même s'il y a une erreur de 1,000 m lors de l'implantation de l'axe D, cela n'aura pas de conséquence pour les axes suivants, qui ne sont pas définis par rapport à ce « mauvaise axe », mais par rapport à l'origine.

Par ailleurs, un autocontrôle du tracé sur chantier, grâce aux cotes partielles entre axes, permettra de trouver très rapidement l'erreur d'implantation. Elle pourra donc être corrigée immédiatement sans que cela ait de conséquence.

Focus

Les cotes cumulées permettent d'implanter les axes d'un ouvrage. On utilise deux cotes perpendiculaires formant un repère orthonormé.

7.6 Cotations particulières

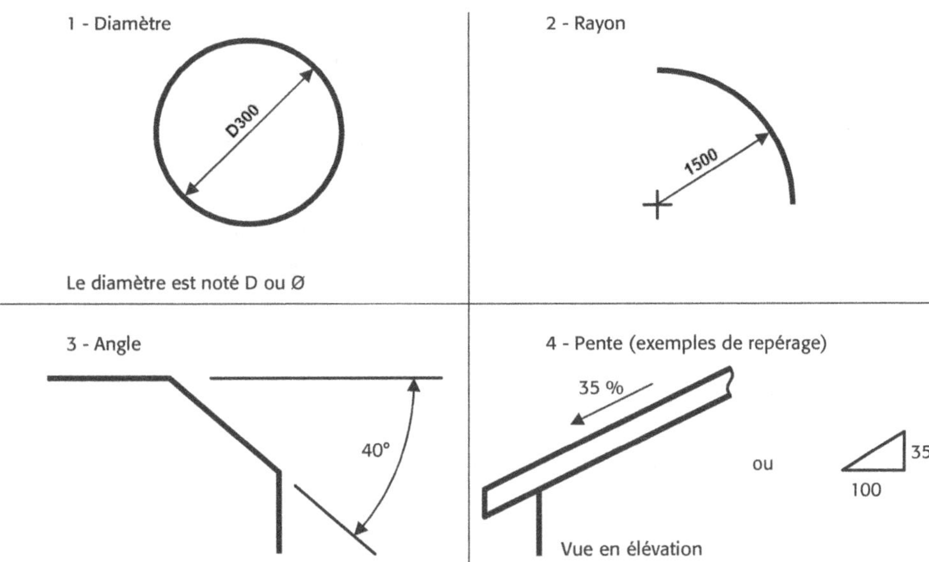

7.7 Repérage et désignation

Lorsqu'on veut repérer un élément pour donner des précisions, la ligne de repérage doit être inclinée. Elle ne doit pas être verticale ou horizontale afin de ne pas être confondue avec un trait du dessin.

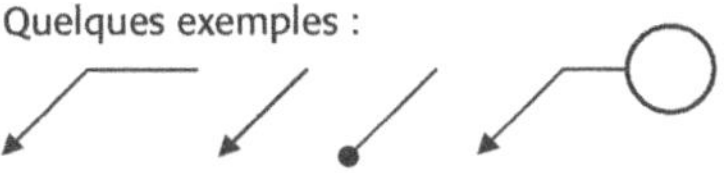

À noter : les repérages sont très utilisés sur les coupes et sections, en complément des symboles de hachures.

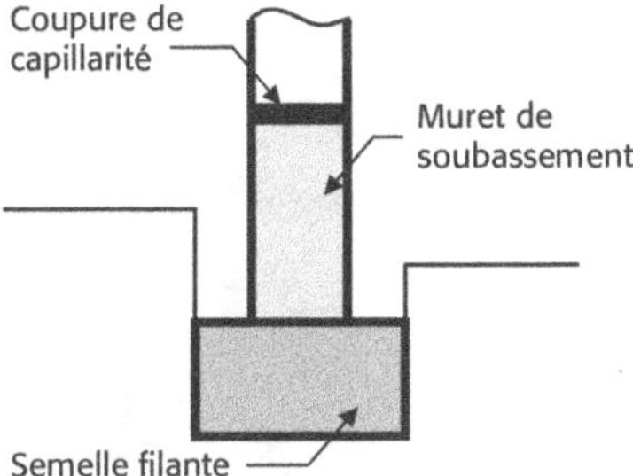

CHAPITRE 8

Les coupes et sections

8.1 Principe

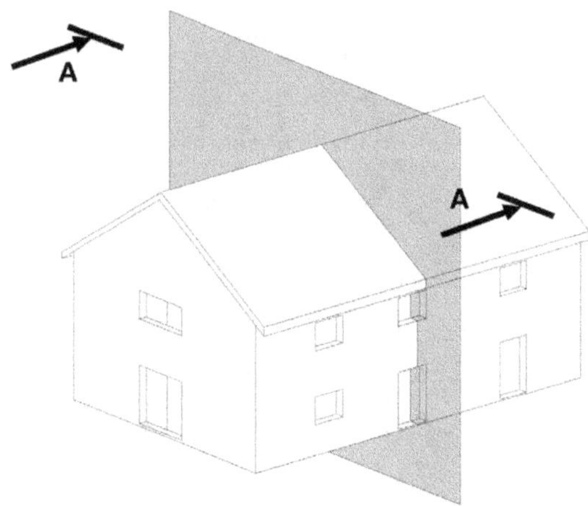

Le principe de réalisation d'une coupe (ou d'une section) est assez simple. Cela consiste à couper l'ouvrage par un plan de section, puis à « enlever » l'un des deux morceaux coupés pour regarder ce qui se passe à l'intérieur.

Le sens dans lequel on regarde est indiqué par les flèches qui repèrent le plan de section.

Sur les autres plans, il est essentiel de bien identifier dans quel sens est dessinée la coupe (ou la section).

Le plan de coupe (ou section) est clairement indiqué par un axe, et le sens du regard est identifié par des flèches.

Comme on le constate dans cet exemple, la coupe de l'ouvrage permet de faire apparaître de nombreuses informations complémentaires : plancher, composition des murs, volumes intérieurs, etc.

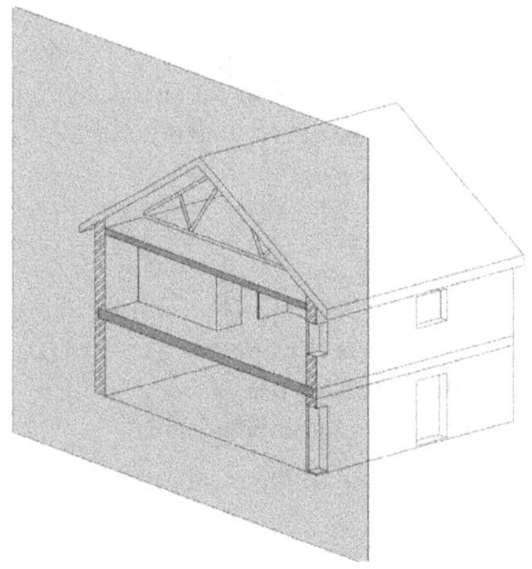

Nota

Les plans d'ensemble d'habitation (les vues en plan) sont des coupes horizontales.

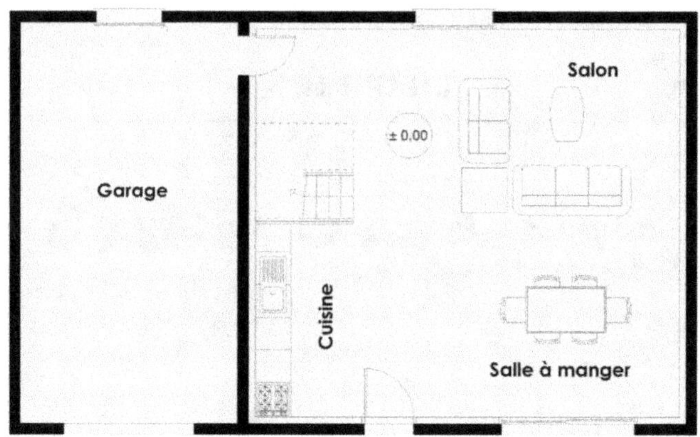

8.2   Coupe et section

Les coupes et sections sont des projections, sans effet de perspective.

Ci-dessous sont représentées la coupe et la section verticales d'un bâtiment (hors fondations).

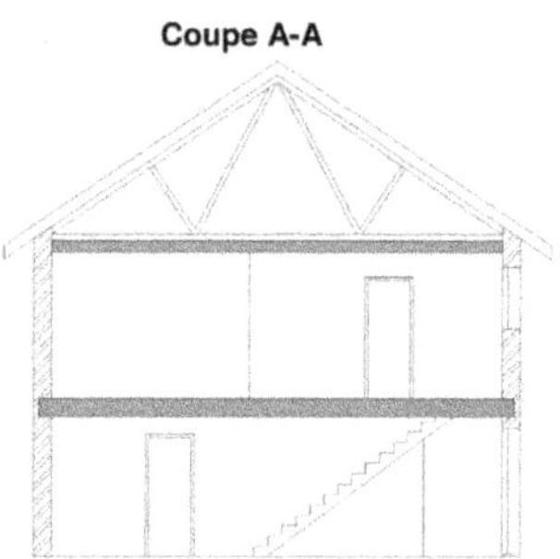

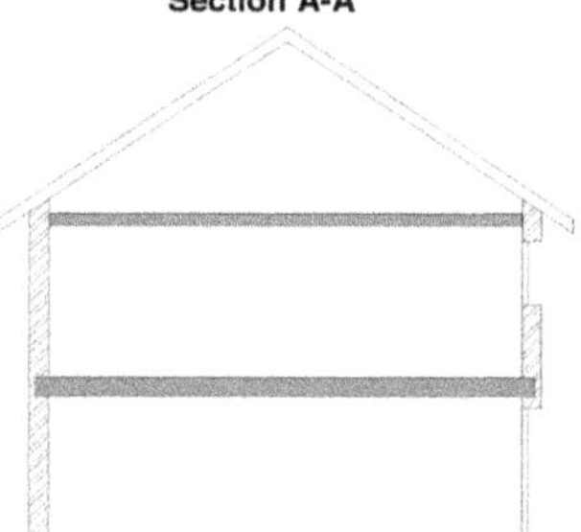

Pour la coupe, on voit apparaître les éléments dans le plan sectionné et les autres éléments de l'ouvrage figurant en arrière de ce plan.

Pour la section, ne figurent que les éléments présents dans le plan de coupe.

Nota

Une coupe se limite fréquemment au premier plan visible. Si en arrière de ce premier plan visible il y a d'autres éléments cachés, ceux-ci devraient théoriquement être dessinés en trait interrompu. Dans la pratique, cela est rarement fait pour un bâtiment, car alors le dessin deviendrait rapidement surchargé et incompréhensible.

Exemple : on ne dessinera pas la fenêtre qui est cachée derrière une cloison.

8.3 Le repérage sur les vues en plan des coupes verticales

Lorsqu'on dessine une coupe ou une section, celle-ci doit être repérée sur les autres plans. Le repère est le suivant :

Exemple pour A-A

Le sens de la flèche est fondamental : il indique dans quel sens on regarde la coupe (le regard suit la direction indiquée par la flèche).

Le repère d'extrémité est en trait renforcé. Il existe parfois aussi sous d'autres formes, comme ci-contre : 

Pour la mise en page des plans, la coupe (ou section) devrait être disposée dans le prolongement des flèches. Par exemple, si les flèches d'une coupe AA pointent à droite, la coupe devrait être représentée à droite de la vue de référence. Dans la pratique, il est fréquent que cela ne soit pas fait ; les coupes sont fréquemment fournies sur des plans à part des vues en plan.

Pour alléger le dessin, il est fréquent que le trait fin mixte qui traverse le plan de coupe ne soit pas représenté.

En revanche, on trouve parfois un rappel ponctuel de la localisation du plan de coupe lorsque celui-ci est dévoyé : 

8.4 La cotation des coupes verticales

Sur les coupes et sections de bâtiments, on trouvera les cotes suivantes :
- cotes de hauteur et d'épaisseur ;
- cotes de niveau ;
- quelques cotes horizontales non visibles sur d'autres vues.

Nota

Sur les coupes verticales de bâtiments, les rares cotes horizontales concernent essentiellement les débords de toiture, car ils ne sont pas visibles sur les vues en plan.

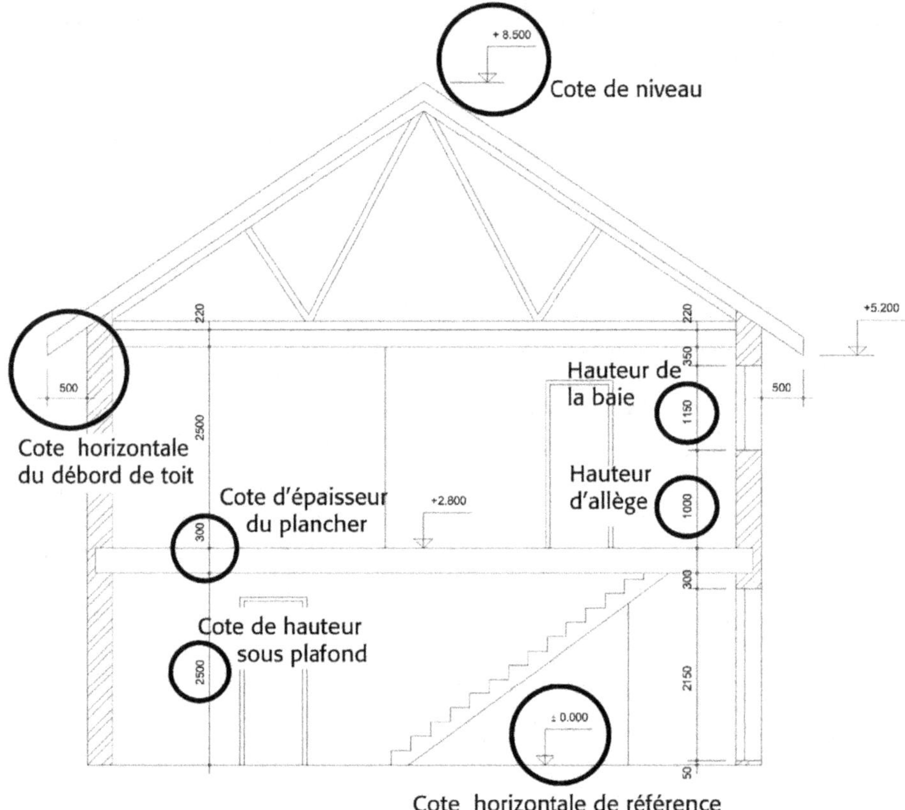

Nota

La hauteur sous plafond (HSP) est mesurée entre le sol fini et le plafond. Elle est ici de 2,500 mètres.

Le niveau + 2,800 est calculé à partir du niveau sur sol fini ± 0,000 auquel on ajoute la hauteur HSP de 2,500 et l'épaisseur totale du plancher : 0,300 m :

$$0,000 + 2,500 + 0,300 = 2,800 \text{ m.}$$

Application

Énoncé

Voici une vue en perspective d'un morceau de mur préfabriqué. L'épaisseur de ce mur est de 180 mm.

Dessiner au 1/50 :

- la coupe A-A ;
- la coupe B-B ;
- la section C-C.

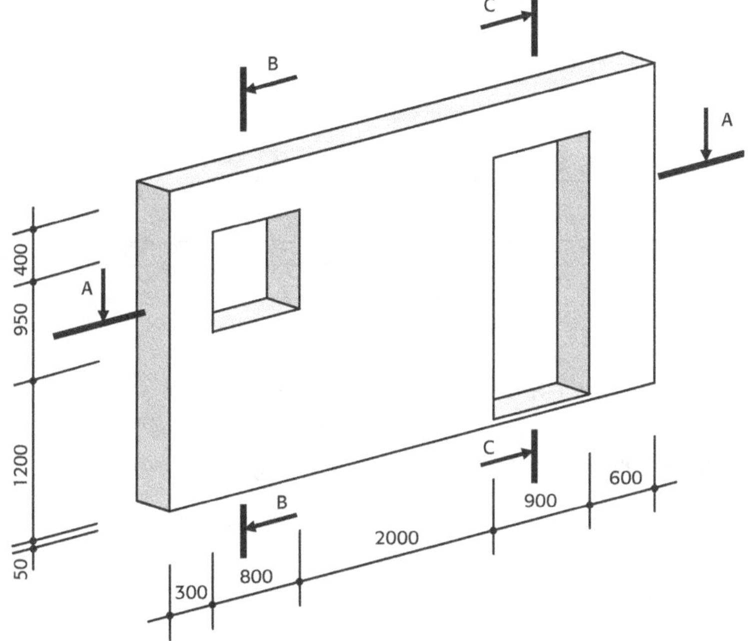

Corrigé

Voici un exemple de correction :

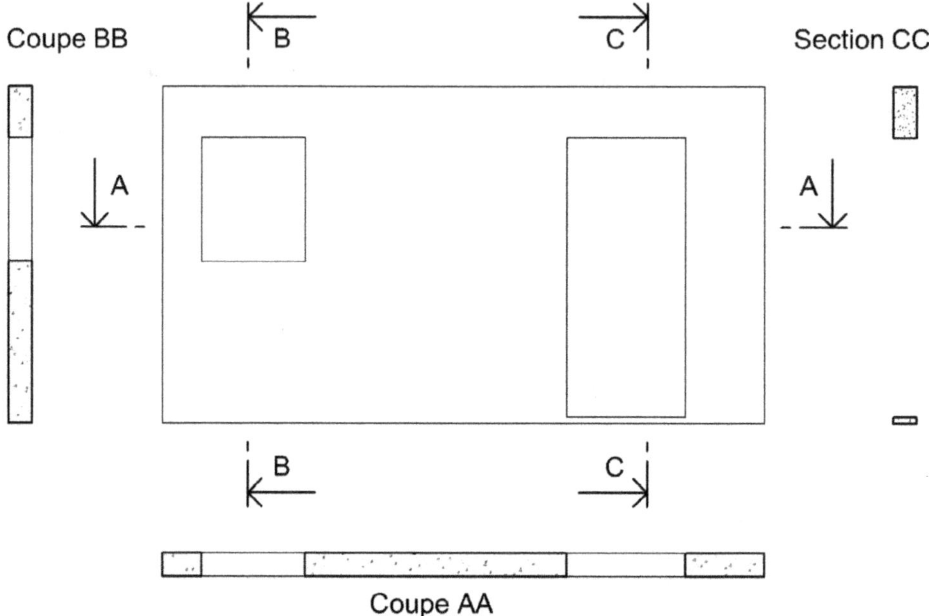

Il aurait également été envisageable de faire ce dessin sans « hachures » à l'intérieur des parties coupées.

On aurait aussi bien pu envisager de « noircir » complètement les parties coupées.

Partie II

De l'acte de construire aux ouvrages élémentaires

CHAPITRE 1

Les principaux intervenants de l'acte de construire

Pour beaucoup de personnes, les intervenants se limitent :

- au client (appelé le maître d'ouvrage) ;
- à l'architecte (appelé le maître d'œuvre) ;
- aux entreprises de construction.

Comme nous allons le voir dans ce chapitre, la réalité est bien plus complexe. Les intervenants ne sont pas les mêmes et sont de plus en plus nombreux au fur et à mesure de l'avancement du projet d'ouvrage.

Il convient donc de définir, dans un premier temps, les différentes phases afin de pouvoir ensuite préciser les intervenants sur chacune d'elles. Ces phases étant en réalité nombreuses, on peut d'ors et déjà signaler qu'elles se répartissent en trois étapes :

- la conception ;
- le choix des entreprises ;
- la construction.

Nota

La seule opération qui peut sembler simple est la construction d'une maison individuelle par un constructeur : le client signe un contrat unique avec le constructeur, qui de son côté devra assumer la gestion de l'opération.

Voici la présentation des différentes phases et des principaux intervenants :

PHASE	INTERVENANTS
Programme ou diagnostic	Maître d'ouvrage (MOA)
Esquisse	Maîtrise d'œuvre (MOE)
Avant-projet (sommaire, puis définitif)	Maîtrise d'œuvre (MOE)
Permis de construire	Maître d'ouvrage (MOA)
Projet	Maîtrise d'œuvre (MOE)
Consultation des entreprises	Maître d'ouvrage (MOA)
Choix des entreprises	Maître d'ouvrage (MOA)
Préparation, puis exécution des travaux	MOA + MOE + Entreprises
Réception	MOA + Entreprises
Vie de l'ouvrage	Usagers

Nota

L'ensemble de l'équipe regroupée autour du maître d'œuvre s'appelle la maîtrise d'œuvre.

1.1   Les différentes étapes de l'acte de construire

Mener à son terme une opération de construction d'un ouvrage est complexe et long. Plusieurs étapes successives sont indispensables.

PHASE	ACTIVITÉS
Programme (pour un projet de construction neuve)	Définition : - des besoins (cahier des charges) ; - des moyens (budget, terrain, etc.).
Diagnostic (pour des travaux sur bâtiment existant)	Vérification : - de l'état de l'existant ; - de l'ampleur des travaux à envisager.
Esquisse	Définition des principaux choix architecturaux. Réalisation de plans de principe et de maquettes (physiques ou numériques). Estimation du coût de l'ouvrage à partir de ratios.
Avant-projet (AVP)	Avancement de la définition du projet, sur la base des idées proposées lors de l'esquisse. Au fur et à mesure de l'AVP, les idées évoluent et se précisent. L'AVP se termine par le dépôt du permis de construire.
Avant-projet sommaire (APS)	L'APS va : - préciser la composition générale de l'ouvrage ; - vérifier la compatibilité avec les contraintes du projet ; - affiner l'estimation du coût par éléments fonctionnels (voir Nota ci-après).
Avant-projet définitif (APD)	L'APD va : - arrêter les plans ; - définir les techniques constructives essentielles ; - préciser les matériaux et les équipements ; - préciser le coût par ouvrage élémentaire.

Permis de construire	Étape « administrative » lors de laquelle on demande l'autorisation de construire l'ouvrage défini en adéquation aux règles d'urbanisme. À ce titre, des modifications peuvent être demandées avant d'obtenir l'autorisation de construire.

Nota

On peut citer comme éléments fonctionnels : infrastructures, superstructures, réseaux, adaptation au terrain, etc.

PHASE	ACTIVITÉS
Projet	Réalisation des études techniques et définition précise : - des pièces graphiques (les plans) ; - des pièces écrites (descriptions précises des travaux à réaliser : matériaux et qualité).
Dossier de consultation des entreprises (DCE)	Mise au point des documents complémentaires pour la consultation des entreprises. Si la mission de maîtrise d'œuvre comprend l'EXE, il faudra fournir les plans nécessaires à l'exécution des travaux.
Consultation (appel d'offres)	Les entreprises étudient leurs coûts de production en détail afin de tenter d'obtenir le marché de travaux. Les entreprises proposent leur réponse à appel d'offres, basée sur le prix et sur un dossier « technico-commercial » (le mémoire technique).
Choix des entreprises	Le maître d'ouvrage choisit les entreprises qui réaliseront les travaux. Ce choix repose sur une analyse financière et qualitative des offres.
Préparation des travaux	Coordination des entreprises et élaboration du planning. Visa des plans d'exécution fournis par les entreprises (sauf si ces plans ont déjà été fournis dans le cadre de la mission EXE de maîtrise d'œuvre). Définition, par chaque entreprise, des besoins humains et matériels.
Réalisation des travaux	Ils sont, bien sûr, réalisés par les différentes entreprises. Celles-ci sont nombreuses à intervenir sur le chantier. Il faut absolument que leurs interventions s'enclenchent au mieux pour ne pas perdre de temps. Le suivi de l'avancement et la relance des entreprises « défaillantes » sont essentiels.
Réception	Le maître d'ouvrage réceptionne l'ouvrage réalisé et émet éventuellement des réserves à corriger. Il est assisté de la maîtrise d'œuvre (AOR : assistance aux opérations de réception). La réception est le point de départ des garanties (décennales, etc.).
Vie de l'ouvrage	Après la réception des travaux commence la vie de l'ouvrage, c'est-à-dire l'utilisation par les usagers. Il est à noter que, dans sa vie, l'ouvrage va nécessiter des travaux d'entretien réguliers.

Nota

Lors de la réception de l'ouvrage, des réserves auront peut-être été notées par le maître d'ouvrage. Les entreprises devront encore intervenir, rapidement, afin de réaliser les travaux amenant à la levée des réserves.

1.2   Les intervenants de l'acte de construire

PHASE	INTERVENANTS
Programme (pour un projet de construction neuve)	Le maître d'ouvrage (MOA) est la personne morale ou physique à l'origine du projet. S'il n'a pas toutes les compétences nécessaires, il peut se faire aider par un architecte, un économiste, etc., dans le cadre d'une mission AMO (assistance à maître d'ouvrage). Il est aussi possible de recourir à un maître d'ouvrage délégué.
Diagnostic (pour des travaux sur bâtiment existant)	Les intervenants ci-dessus sont aidés par la présence d'un cabinet d'expertise en diagnostic.
Esquisse	L'esquisse est réalisée par l'équipe de base de la maîtrise d'œuvre (MOE) : - l'architecte ; - l'économiste de maîtrise d'œuvre.
Avant-projet (AVP) **Avant-projet sommaire (APS)** **Avant-projet définitif (APD)**	L'AVP est mis au point par l'équipe de maîtrise d'œuvre : - l'architecte ; - l'économiste de maîtrise d'œuvre ; - les bureaux d'études structure, fluides, etc. ; - le coordonnateur SPS (sécurité et protection de la santé). L'ensemble est vérifié par le bureau de contrôle technique.
Permis de construire	Le demandeur est le maître d'ouvrage (MOA). La demande est instruite par les services de la mairie, après consultation de la DDE, des Architectes des bâtiments de France (ABF) dans certaines circonstances, etc.
Projet	La mise au point des pièces graphiques et écrites est réalisée par l'ensemble de l'équipe de maîtrise d'œuvre : - l'architecte ; - l'économiste de maîtrise d'œuvre ; - les bureaux d'études structure, fluides, etc. ; - les bureaux d'études thermique et acoustique ; - le coordinateur SPS ; L'ensemble est vérifié par le bureau de contrôle technique.
Dossier de consultation des entreprises (DCE)	Le DCE comprend, bien sûr, les pièces de projet, mais aussi des documents complémentaires fixant le cadre des passations de contrats. Ce sont des pièces juridiques dont la responsabilité incombe au maître d'ouvrage (c'est lui seul qui signe les contrats avec les entreprises de construction). Le maître d'ouvrage pourra néanmoins être assisté pour cette activité.
Consultation (appel d'offres)	C'est la première étape où les entreprises de construction interviennent. Elles sont plusieurs à proposer une offre de prix, mais une seule sera retenue par lot.
Choix des entreprises	Ce choix est fait par le maître d'ouvrage. Il s'appuie sur une analyse (financière et qualitative) des offres. Cette analyse est souvent réalisée par un membre de la maîtrise d'œuvre dans le cadre de la mission ACT (assistance à contrats de travaux). Il s'agit fréquemment de l'économiste de maîtrise d'œuvre.

PHASE	INTERVENANTS
Préparation des travaux	Pour ces trois phases, interviennent : - le maître d'ouvrage ; - la maîtrise d'œuvre ; - le coordinateur des travaux, qui assure la mission OPC (ordonnancement, pilotage, coordination) ; - le bureau de contrôle technique ; - le coordinateur SPS ; - les entreprises de construction, en particulier : les conducteurs de travaux, les chefs de chantier, les équipes d'ouvriers. Il existe beaucoup d'entreprises de construction. Les différents corps d'état sont présentés dans le chapitre suivant.
Réalisation des travaux	
Réception	
Vie de l'ouvrage	L'usager de l'ouvrage n'est pas forcément le maître d'ouvrage. Il est fréquent que le MOA qui a fait construire l'ouvrage le vende ensuite (par lots ou en tout) : c'est l'activité des promoteurs.

Nota

Il existe des « bureaux d'études » ou « bureaux d'ingénierie » qui sont à même de réaliser l'ensemble (ou la majorité) des missions de maîtrise d'œuvre.

Application

Les différentes étapes de l'Acte de Construire

Énoncé

Vous travaillez au sein des services techniques d'une petite ville.

L'adjoint au maire chargé des travaux vous a demandé de créer un système de classement informatique, prêt à être utilisé, afin de suivre les opérations du début à la fin. Pour le moment vous ne travaillez que sur les phases qui vont jusqu'à l'appel d'offres. L'objectif est d'éliminer les risques d'oublis et d'erreurs donc d'améliorer la sécurité juridique des services.

Vous avez opté pour l'arborescence ci-dessous :

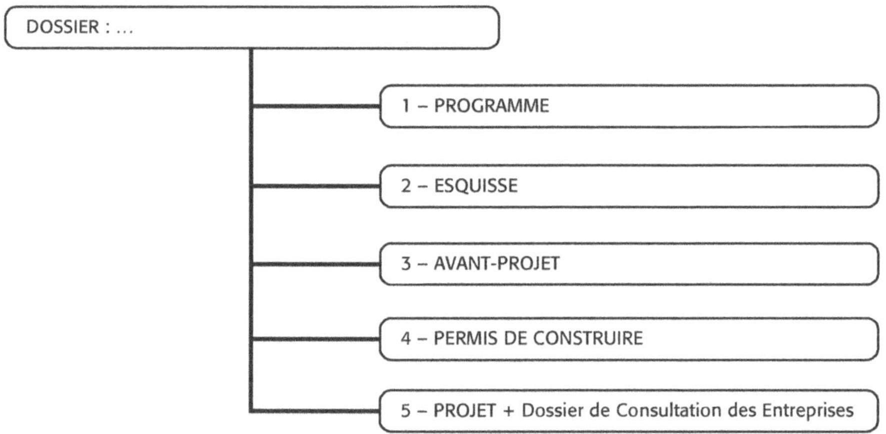

La commune désire construire un bâtiment pour son école. Vous disposez d'un certain nombre de documents qui sont prêts à être classés. Voici la liste des de ces documents (non exhaustive) :

- Formulaire de demande du permis de construire ;
- Cahier des charges ;
- Dossier plans, échelle 1/50 ;
- Estimation du coût par éléments fonctionnels ;
- Note de calcul du bureau d'études béton armé (dans le cadre d'une mission avec EXE) ;
- Plans échelle 1/200 ;
- Vue d'insertion paysagère (insertion du projet dans son environnement) ;
- CCTP (Cahier des Clauses Techniques Particulières) : description des travaux à réaliser pour le DCE
- Estimation du coût des travaux pour analyse des offres d'entreprises ;
- Dossier plans, échelle 1/100 (à situer dans deux dossiers) ;
- Estimation du coût des travaux à partir de ratios ;
- Maquette physique.

Classez chaque DOCUMENT ci-dessus dans l'un des sous-dossiers, en complétant l'arborescence ci-dessous (à chaque cas correspond une et une seule réponse) :

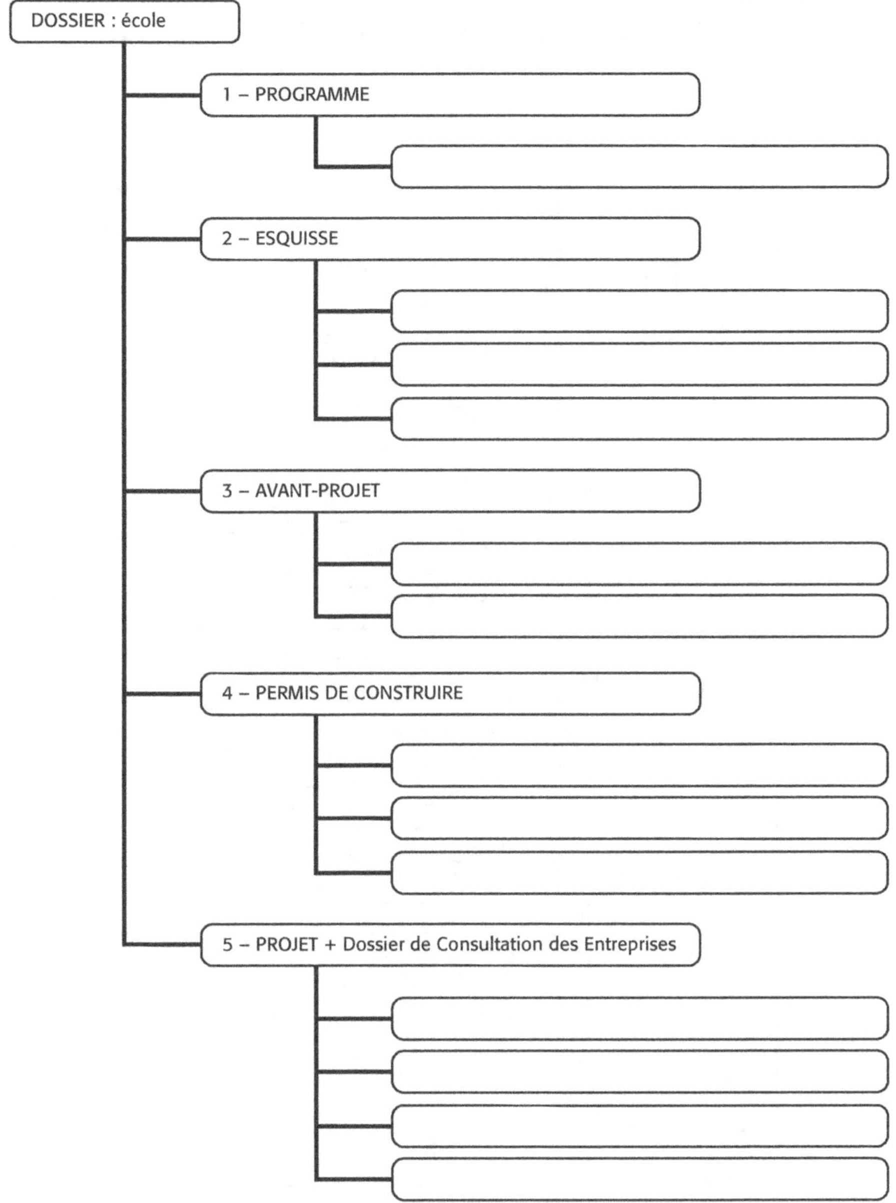

Renseignements complémentaires :

Il sera utile de prendre des renseignements complémentaires dans certains chapitres de la partie I :

- chapitre 4.4 : L'évolution de la précision des plans ;
- chapitre 4.5 : Le dossier de permis de construire.

D.C.E. = Dossier de Consultation des Entreprises. C'est l'ensemble des documents graphiques et écrits permettant aux entreprises de faire une offre. Le D.C.E est élaboré en parallèle à la phase Projet.

La mission « EXE » consiste en la réalisation des notes de calcul et des plans d'exécution nécessaires au D.C.E. Ici elle a été confiée à la maîtrise d'œuvre.

Corrigé

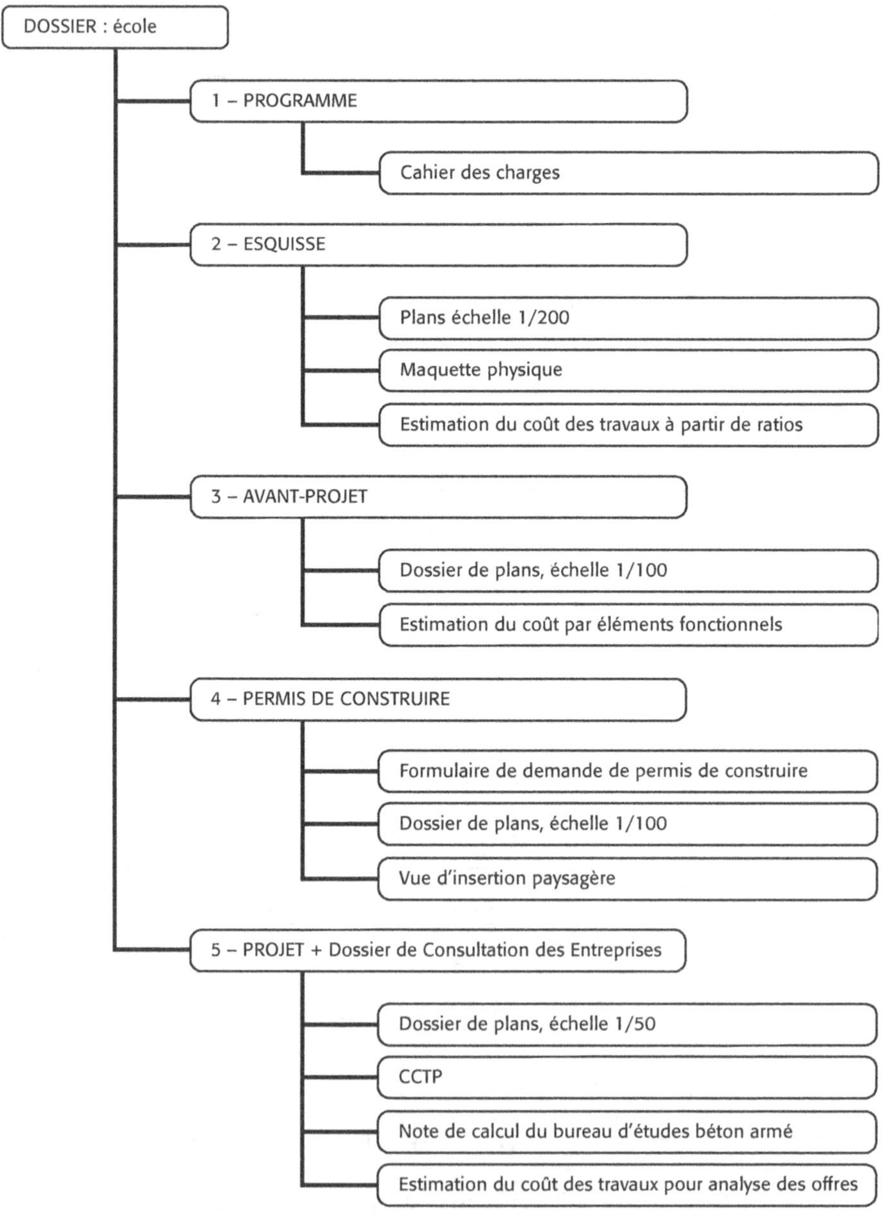

CHAPITRE 2

Les différents corps d'état

Les corps d'état correspondent aux différents métiers présentant des spécificités lors de la construction d'un ouvrage.

Voici une liste de travaux particuliers.

Les terrassements

Il s'agit des mouvements (ou déplacements) de terre.

Ils comprennent le débroussaillage, l'excavation (ou creusement) de la terre pour les sous-sols enterrés et les fondations, la mise à niveau de plateformes, la remise en forme finale du terrain.

Les soutènements

Ce sont les ouvrages qui permettent de soutenir le sol lors des travaux ou pour la vie de l'ouvrage principal.

Ils ne sont pas nécessaires que pour certains chantiers.

Les fondations spéciales

Ce sont celles qui doivent être réalisées lorsque le comportement des premières couches du terrain n'est pas satisfaisant. Une étude géotechnique des sols doit être effectuée.

Contrairement aux idées reçues, des fondations profondes peuvent aussi concerner des maisons.

La maçonnerie de béton armé

Elle comprend la réalisation des murs en béton armé (appelés « voiles ») et celle des dalles et des dallages.

Elle s'applique également aux fondations courantes (à l'exclusion donc des fondations spéciales).

La maçonnerie de blocs hourdés

Traditionnellement, il s'agissait de blocs de pierre. De nos jours, on emploie couramment des blocs béton (parpaings), des briques de terre cuite, des blocs de béton cellulaire. Ces techniques servent aussi pour des immeubles de hauteur modérée.

Les blocs sont liés entre eux (hourdés) par du mortier traditionnel à base de ciment et/ou de chaux, ou par du mortier colle pour joints minces (mise en œuvre dite « roulée »).

La charpente en bois

On distingue la charpente dite « traditionnelle », avec des pièces de bois de forte section, de la charpente dite « industrialisée », composée de nombreuses pièces de bois de faible section (exemple : les fermettes).

Les maisons à ossature en bois (MOB) sont, bien entendu, aussi de la charpente en bois. Cette technique est également employée pour des bâtiments de taille modérée.

La couverture en tuiles ou en ardoises

Charpente et couverture constituent la toiture.

La couverture ne se limite pas aux tuiles ou ardoises, mais comprend aussi les liteaux, écran de sous-toiture, etc.

La charpente métallique

On y recourt principalement pour des bâtiments de type industriels, des salles de sports, des centres commerciaux.

La couverture métallique

Elle consiste soit en bacs d'acier nervuré (généralement pour les bâtiments industriels) soit en feuilles de zinc (pour certains immeubles d'habitation).

L'étanchéité

Cela comprend principalement la mise en œuvre de rouleaux bitumineux soudés entre eux (en particulier, pour les toitures-terrasses) ou bien d'asphalte.

D'autres techniques sont envisageables, comme les systèmes d'étanchéité liquide (SEL).

La zinguerie pour couverture et eaux pluviales

Pour la couverture, cela concerne les ouvrages en complément des tuiles pour assurer l'étanchéité en des points particuliers (par exemple, autour des sorties de conduits de cheminée).

Pour les eaux pluviales (EP), cela consiste à recueillir et évacuer les eaux de pluie en provenance de la couverture ou de l'étanchéité.

Le terme de « zinguerie » ne s'applique plus seulement au travail du zinc, mais aussi, par extension, au PVC, au cuivre, etc.

Les bardages en bois

Ils consistent à habiller des murs de façade par des lames de bois ou des panneaux composites, que ce soit pour une construction à ossature en bois ou pour un bâtiment maçonné.

Il est possible d'intercaler une isolation thermique extérieure (ITE) entre le mur porteur et le bardage.

Les bardages métalliques et vêtures

Le bardage métallique concerne l'habillage des murs par des panneaux métalliques.

Lorsque l'élément de bardage est fourni associé à un isolant, on parle de « vêture ».

Les enduits de façade

Ils ont deux objectifs : imperméabiliser et décorer.

Ils sont à base de mortier de ciment, souvent mélangé à de la chaux. Traditionnellement, ils étaient mis en œuvre en plusieurs couches ; dorénavant, ils sont souvent monocouches.

Les menuiseries extérieures

Ce sont les portes d'entrée, les fenêtres, les portes-fenêtres, les portes de garage, etc.

Elles peuvent être en bois, PVC, aluminium ou acier laqué.

La serrurerie

Il s'agit des ouvrages métalliques, comme les grilles de défense, les garde-corps métalliques, les portails et certains éléments de clôture.

Les murs-rideaux à ossature métallique

Ce sont de grands ensembles constituant un parement continu en façade. Il n'y a pas, dans ce cas, de mur porteur en façade ; le mur-rideau est mis en œuvre sur une ossature métallique.

Les murs-rideaux comportent généralement des grands ensembles vitrés, associés à des éléments opaques. Ils sont fréquemment utilisés pour les immeubles modernes de bureaux.

L'isolation

Il s'agit d'assurer l'isolation thermique (contre le chaud l'été et contre le froid l'hiver) et parfois acoustique (le bruit).

Les isolants les plus courants sont les polystyrènes et les laines minérales (laines de verre et laines de roche). Actuellement, les isolants dits « naturels » se développent et prennent des parts de marché.

Les enduits à base de plâtre

Ils sont destinés à assurer la finition des parois intérieures. La mise en œuvre traditionnelle par le plâtrier est désormais largement remplacée par l'utilisation de plaques de plâtre.

Les plaques de plâtres

Leur pose est effectuée par le plaquiste. Il faut lui associer des travaux complémentaires de finition (joints, etc.).

Les menuiseries intérieures

Ce sont les portes intérieures, les portes et l'aménagement de placards, les boîtes aux lettres intérieures d'immeuble, le mobilier spécifique, etc.

Les chapes

En mortier de ciment, elles sont coulées sur les dalles et dallages pour servir de support de bonne qualité aux revêtements de sol.

Elles sont réalisées sous la responsabilité du titulaire des travaux de revêtements de sol.

Les carrelages

Il faut distinguer le carrelage au sol du carrelage mural (souvent appelé « faïence »).

Le choix du carrelage est plus complexe qu'il n'y paraît et dépend des conditions d'usage.

Les parquets

Le parquet traditionnel (en lames de bois massives ou contrecollées) est mis en œuvre par clouage sur des tasseaux appelés « lambourdes ».

Les parquets stratifiés (en lames minces clipsables entre elles) sont simplement posés sur une sous-couche : c'est une pose flottante.

Les peintures et les papiers peints

Cela doit notamment comprendre les peintures intérieures, les peintures extérieures, les lasures et les vernis ainsi que les papiers peints.

Les courants forts

Une installation électrique en 230 V comprend le tableau électrique, les prises de courant, l'éclairage, et l'ensemble des gaines électriques.

Les courants faibles

Ils alimentent le téléphone (de type RJ11), les prises informatiques (de type RJ45), etc.

La plomberie sanitaire

Elle consiste en l'installation des alimentations en eau chaude et eau froide, des appareils sanitaires (évier, WC, etc.), de la robinetterie associée, et des canalisations d'évacuation des eaux vannes EV (issues des WC) et des eaux usées EU (les autres eaux « sales »).

Ces travaux peuvent comprendre l'installation de mobiliers complémentaires indispensables : meuble support pour l'évier de la cuisine ou vasque de salle de bains.

Les installations au gaz

L'une de leurs utilisations concerne la cuisson.

L'autre usage concerne la production d'eau chaude. Celle-ci peut servir au chauffage en circulant dans des radiateurs, ou comme eau chaude sanitaire E.C.S. (lavabo, douche, etc.).

Les installations de chauffage

Pour compenser les déperditions de chaleur, il faut prévoir des émetteurs de chaleur.

On peut notamment citer les cheminées et les poêles, les planchers chauffants et les radiateurs. Pour ces deux derniers, la production de chaleur peut être d'origine électrique et provenant de la circulation d'eau chaude à partir d'une chaudière à gaz ou d'un système géotechnique.

La ventilation

C'est le système permettant le renouvellement de l'air afin d'en assurer la bonne qualité.

Pour éviter des déperditions de chaleur par ventilation, on doit la réguler : on utilise donc des ventilations mécaniques contrôlées (VMC).

Les cuisinistes

Pour certains ouvrages, des cuisinistes sont indispensables : cuisines de collectivités, d'hôtels, de restaurants.

Les ascenseurs

Complexes et devant répondre à des normes de sécurité strictes, ils sont conçus et mis en œuvre par des spécialistes.

Les voiries et réseaux divers (VRD)

Les voiries sont les chemins d'accès et de circulation.

Les « réseaux divers » concernent les raccordements aux réseaux urbains de distribution (eau potable, courant fort, courant faible, gaz) et d'évacuation : eaux usées (EU), eaux vannes (EV), eaux de pluie (EP).

Les aménagements paysagers

Les plantations (engazonnement, arbustes, arbres, etc.) et l'aménagement complémentaire du terrain (enrochement, bassin d'agrément, etc.) nécessite l'intervention d'un spécialiste : le paysagiste.

Focus

Les marchés de travaux sont traités par lots regroupant parfois plusieurs corps d'état.

CHAPITRE 3

Gros œuvre et second œuvre Hors d'eau et hors d'air

Ces quatre termes sont d'usage fréquent. Il est important de savoir à quoi ils correspondent.

3.1 Gros œuvre et second œuvre

3.1.1 Le gros œuvre

Il comprend l'ensemble des travaux permettant de réaliser la structure de l'ouvrage.

Classiquement, pour un bâtiment **en maçonnerie ou en béton armé**, les corps d'état concernés portent essentiellement sur les travaux suivants :

- les terrassements ;
- éventuellement les soutènements des terres lors des terrassements ;
- éventuellement les fondations spéciales (fondations profondes) ;
- la maçonnerie en béton armé et/ou maçonnée ;
- la charpente (bois) éventuelle.

Pour un bâtiment industriel **en charpente métallique**, les corps d'état concernés portent essentiellement sur les travaux suivants :

- les terrassements ;
- éventuellement les fondations spéciales (fondations profondes) ;
- la charpente métallique ;
- les ouvrages horizontaux en béton armé (pour les dalles).

> *Nota*
>
> La répartition des travaux par lots prévoit parfois un lot « Gros œuvre » qui concerne essentiellement les terrassements et la maçonnerie. Il s'agit d'une désignation prenant quelques libertés par rapport à la définition initiale du « gros œuvre ».

3.1.2 Le second œuvre

Il concerne les travaux permettant « d'habiller » l'ouvrage et le rendre fonctionnel. Cela comprend en particulier :

- la couverture et/ou l'étanchéité ;
- les enduits de façade et/ou le bardage ;
- les menuiseries extérieures (fenêtres, etc.) ;
- la plâtrerie et l'isolation ;
- les revêtements de sol ;
- la plomberie ;
- les installations électriques ;
- le chauffage ;
- etc.

3.2 Hors d'eau et hors d'air

3.2.1 Le « hors d'eau »

Il est atteint lorsque le bâtiment est protégé de la pluie.

C'est une étape importante : elle caractérise un état d'avancement des travaux à partir duquel d'autres activités vont pouvoir commencer, à l'abri de la pluie.

Le « hors d'eau » est donc obtenu lorsqu'on a réalisé la couverture et/ou l'étanchéité. Il ne faut donc pas confondre « hors d'eau » avec « fin du gros œuvre ».

3.2.2 Le « hors d'air »

Il est atteint lorsque le bâtiment est clos, protégé des courants d'air.

Cette autre étape importante permet de savoir quand vont pouvoir commencer les travaux à base de matériaux sensibles à l'humidité.

Le « hors d'air » est réalisé par la mise en place des menuiseries extérieures.

> *Nota*
>
> Il ne faut pas confondre les menuiseries extérieures (fenêtres, portes d'entrée, portes-fenêtres) avec la totalité du lot « Menuiseries extérieures et fermetures ». En effet, il n'est pas nécessaire d'avoir posé les volets pour obtenir le « hors d'air » ; c'est, bien sûr, la mise en œuvre des menuiseries qui est importante.

> *Nota*
>
> Les phases hors d'eau et hors d'air sont des étapes qui déterminent les appels de fonds dans le cadre de certains marchés de travaux.

CHAPITRE 4

Étude de cas : corps d'état

Cette étude concerne la construction d'un ensemble de six garages, annexes à un bâtiment d'habitat collectif (immeuble). Il s'agit donc d'un ouvrage simple, de complexité limitée.

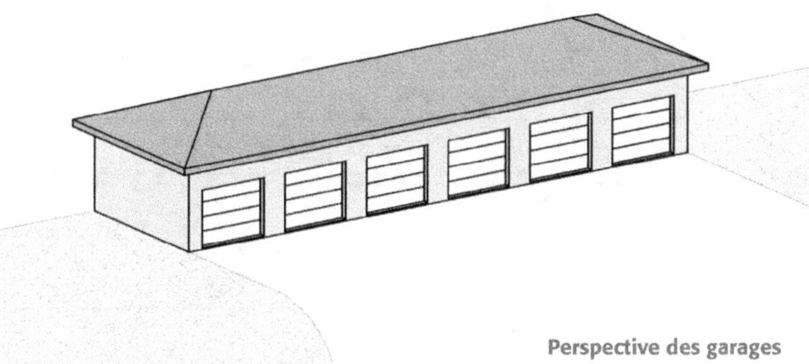

Perspective des garages

Une place de stationnement extérieur a été attribuée à chaque appartement du bâtiment d'habitat collectif. En complément, six garages couverts et fermés ont été prévus à la vente.

Ces garages sont construits en maçonnerie de blocs béton, recouverts d'un enduit de façade de même teinte que le bâtiment de logements. Pour des raisons esthétiques, une toiture à quatre pans (versants) est prévue, avec couverture en tuiles.

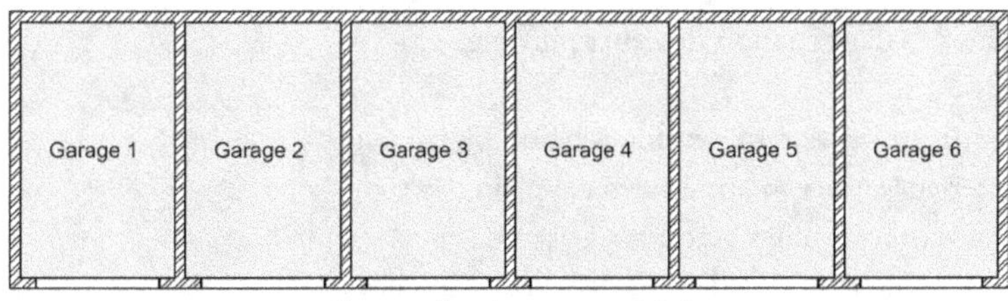

Vue en plan des garages 1 à 6

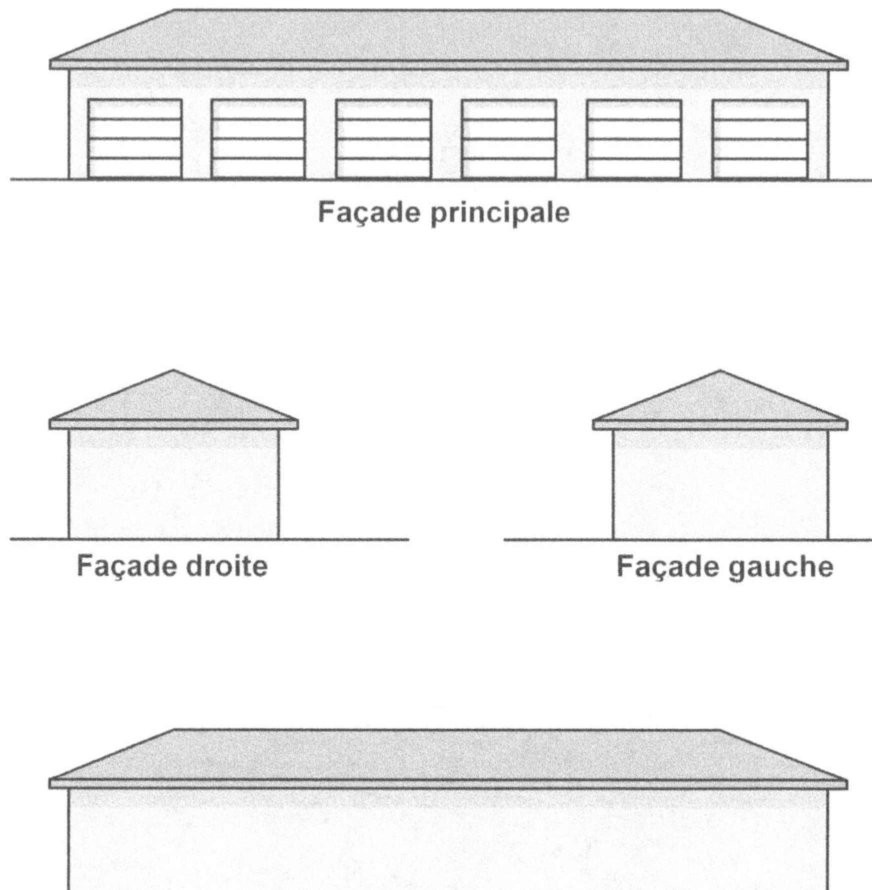

Les quatre façades

Voici une liste des travaux à réaliser pour mener à bien la construction de cet ouvrage :
- décapage de la terre végétale ;
- terrassements pour fondations ;
- réseaux enterrés d'alimentation en eau et en courant fort ;
- réseaux enterrés d'évacuation des eaux pluviales ;
- fondations ;
- murets (petits murs) enterrés en blocs béton pleins ;
- dallage intérieur en béton armé sur terre-plein ;
- murs en élévation en blocs béton ;
- chaînages verticaux (« raidisseurs ») dans les angles des murs ;
- linteaux (poutres au-dessus des ouvertures pour portes) ;
- chaînages horizontaux ceinturant les murs en partie haute ;
- charpente industrialisée en bois ;

- couverture en tuiles à emboîtement de teinte rouge ;
- gouttières et descentes d'eau de pluie ;
- enduit de façade monocouche projeté de teinte rose pâle ;
- équipements électriques (éclairage et prises de courant à l'extérieur) ;
- point d'eau extérieur ;
- portes métalliques de garage ;
- peinture de sol ;
- lasure des bois apparents en débord de toiture ;
- réalisation des voiries circulables ;
- engazonnement des zones non circulables.

Nota

Les linteaux réalisés en béton armé sont confiés à l'entreprise de maçonnerie de blocs hourdés présents sur le chantier, et non à celle de maçonnerie en béton armé, car cette dernière a terminé son intervention. En effet, les linteaux sont incorporés dans les murs.

Analyse à effectuer

Énoncé

1. Classer cette liste par corps d'état spécifiques.
2. Quels sont les travaux concernant le gros œuvre ?
3. Quand le hors d'eau est-il atteint ?
4. Quand le hors d'air est-il atteint ?

Corrigé

1. Classer par corps d'état spécifiques.

Décapage de la terre végétale	Terrassements
Terrassements pour fondations	Terrassements
Réseaux enterrés d'alimentation en eau et en courant fort	VRD
Réseaux enterrés d'évacuation des eaux pluviales	VRD
Fondations	Maçonnerie en béton armé
Murets (petits murs) enterrés en blocs béton pleins	Maçonnerie en béton armé
Dallage intérieur en béton armé sur terre-plein	Maçonnerie en béton armé
Murs en élévation en blocs béton	Maçonnerie de blocs hourdés
Chaînages verticaux (raidisseurs) dans les angles des murs	Maçonnerie de blocs hourdés
Linteaux (poutres au-dessus des ouvertures pour portes)	Maçonnerie de blocs hourdés
Chaînages horizontaux ceinturant les murs en partie haute	Maçonnerie de blocs hourdés
Charpente industrialisée en bois	Charpente en bois
Couverture en tuiles à emboîtement de teinte rouge	Couverture en tuiles
Gouttières et descentes d'eau de pluie	Zinguerie pour eaux pluviales
Enduit de façade monocouche projeté de teinte rose pâle	Enduits de façade
Équipements électriques (éclairage et prises de courant)	Courants forts
Point d'eau extérieur	Plomberie sanitaire
Portes de garage	Plutôt serrurerie pour ce type d'opération (bâtiment d'habitat collectif), sinon menuiseries extérieures
Peinture de sol	Peinture
Lasure des bois apparents en débord de toiture	Peinture
Réalisation des voiries circulables	VRD
Engazonnement des zones non circulables.	Aménagements paysagers

2. Les travaux concernant le gros œuvre sont :
- Décapage de la terre végétale.
- Terrassements pour fondations.
- Fondations.
- Murets (petits murs) enterrés en blocs béton pleins.
- Dallage intérieur en béton armé sur terre-plein.
- Murs en élévation en blocs béton.
- Chaînages verticaux (« raidisseurs ») dans les angles des murs.
- Linteaux (poutres au-dessus des ouvertures pour portes).
- Chaînages horizontaux ceinturant les murs en partie haute.
- Charpente industrialisée en bois.

3. Quand le hors d'eau est-il atteint ?

Le hors d'eau est atteint lorsque, en plus des travaux de gros œuvre cités ci-dessus, la couverture en tuiles est achevée.

4. Quand le hors d'air est-il atteint ?

Le hors d'air est atteint lorsque, en plus des travaux permettant de mettre le bâtiment hors d'eau, les portes de garage sont posées.

Nota

Les linteaux réalisés en béton armé sont confiés à l'entreprise de maçonnerie de blocs hourdés présente sur le chantier, et non à celle de maçonneirie en béton armé, car cette dernière a terminé son intervention. En effet, les linteaux sont incorporés dans les murs.

CHAPITRE 5

Quelques termes particuliers

5.1 Infrastructure ou superstructure ?

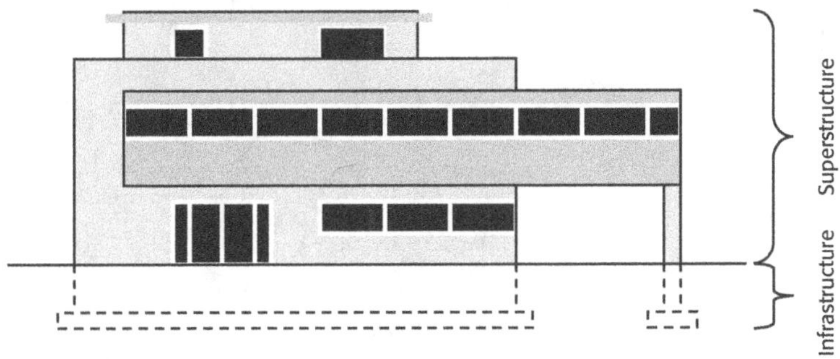

L'infrastructure est la partie de la construction située dans le sol.

Il peut s'agir simplement des fondations, mais aussi des sous-sols.

La superstructure est la partie de la construction située au-dessus du sol.

Remarque

L'infrastructure est ici représentée en pointillé, car cachée dans le sol.

5.2 Les types de murs de façade

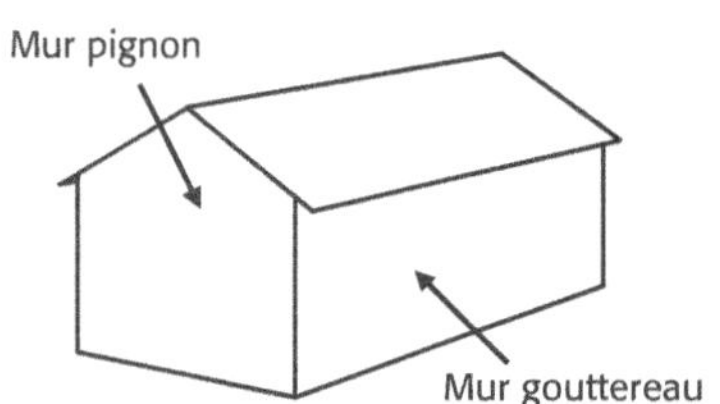

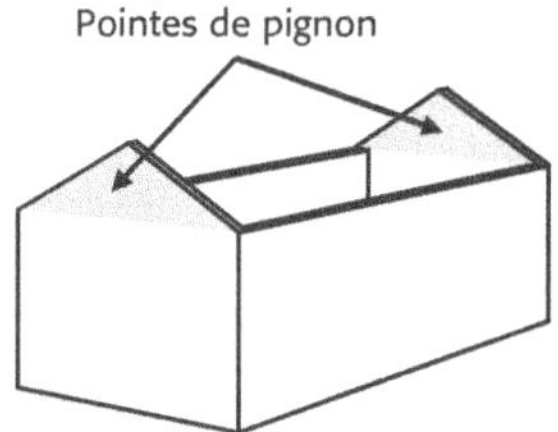

5.3 Particularités autour des menuiseries

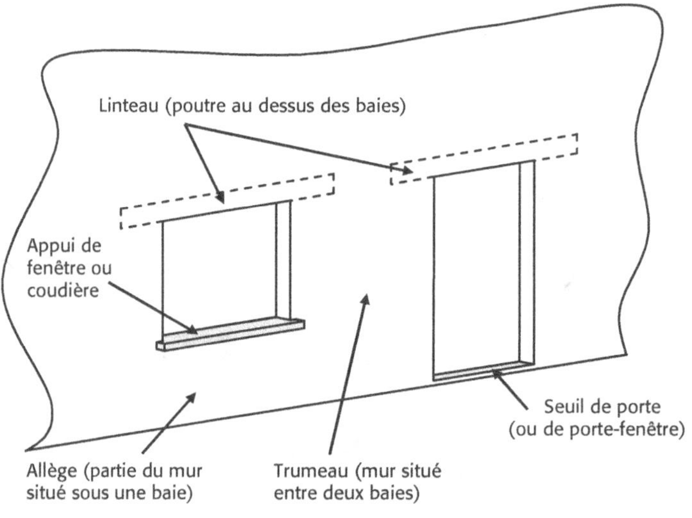

Vue générale

Remarque

Les linteaux sont ici représentés en pointillé, car ces éléments de structure incorporés au mur sont cachés derrière l'enduit de façade.

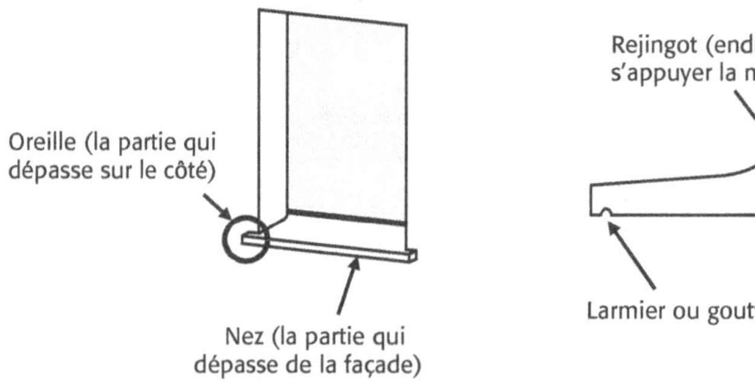

Détail des débords d'un appui de fenêtre   **Section d'un appui de fenêtre**

5.4   Refend – cloison – poteau

Refend

C'est un mur porteur situé à l'intérieur de la construction. Il possède donc une épaisseur suffisamment importante (de 16 à 22 cm) pour reprendre les charges de la structure et les transmettre aux fondations.

Cloison

C'est un élément qui sépare deux pièces, mais qui n'est pas destiné à supporter les charges de la structure. Son épaisseur est donc relativement faible (5 à 10 cm).

Poteau

Il s'agit d'un élément de structure vertical de faible section.

5.5   Trémie – réservation

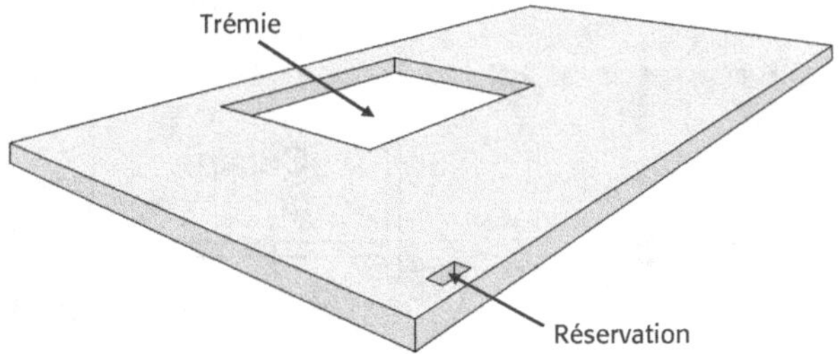

La trémie

C'est un vide de grande dimension dans une dalle, en général destinée à laisser le passage pour un escalier ou un ascenseur.

La réservation

Une réservation est un vide de faible dimension dans une dalle, destinée à permettre la mise en œuvre des réseaux d'alimentation ou d'évacuation, des gaines de ventilation, des conduits de fumée, etc.

Application

Énoncé

Vous disposez d'un extrait de plan d'un bâtiment de logement collectif.

1. Que signifient 301, 302, 303 ?
2. L'isolation thermique est-elle située à l'intérieur ou à l'extérieur ?
3. Colorier en gris les murs porteurs en béton armé (murs de façade et murs de refend).
4. Hachurer les murs de refend.
5. Repérer les cloisons (en noir ou en fluo).
6. Repérer le poteau carré en dessinant une croix dedans.
7. À votre avis, le garde-corps du balcon est-il en béton armé ?

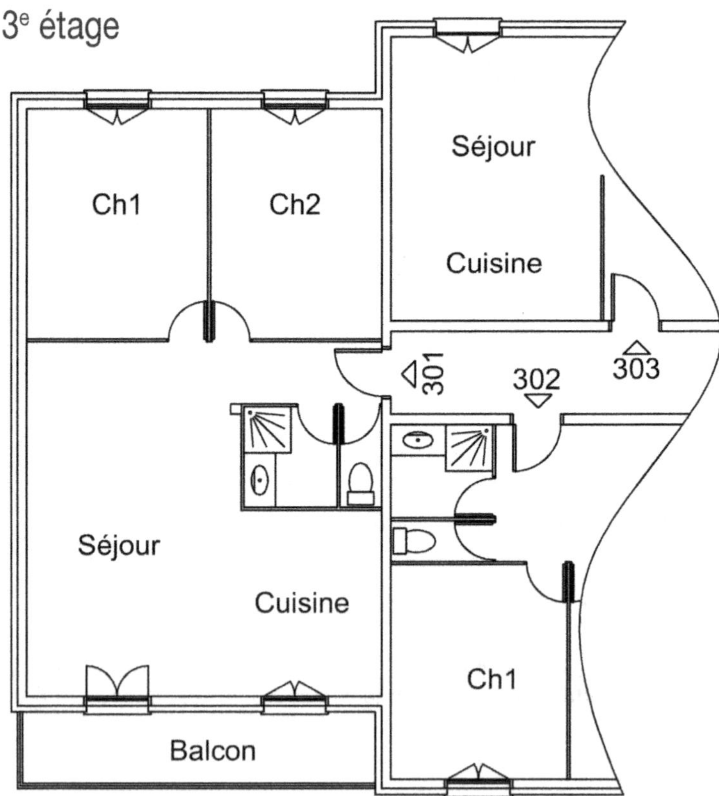

Plan sans échelle

Corrigé

1. 301, 302, 303 sont les numéros des logements : le 301 est le premier appartement du 3e étage, le 302 est le deuxième et le 303 est le troisième.

2. L'isolation thermique est située à l'extérieur, tout autour du bâtiment.

3 à 6. Voir le plan ci-dessous.

7. Vu sa faible épaisseur, le garde-corps n'est pas en béton armé. Il est donc constitué d'une ossature métallique complétée par des tubes horizontaux, ou des tôles, ou des panneaux de verre.

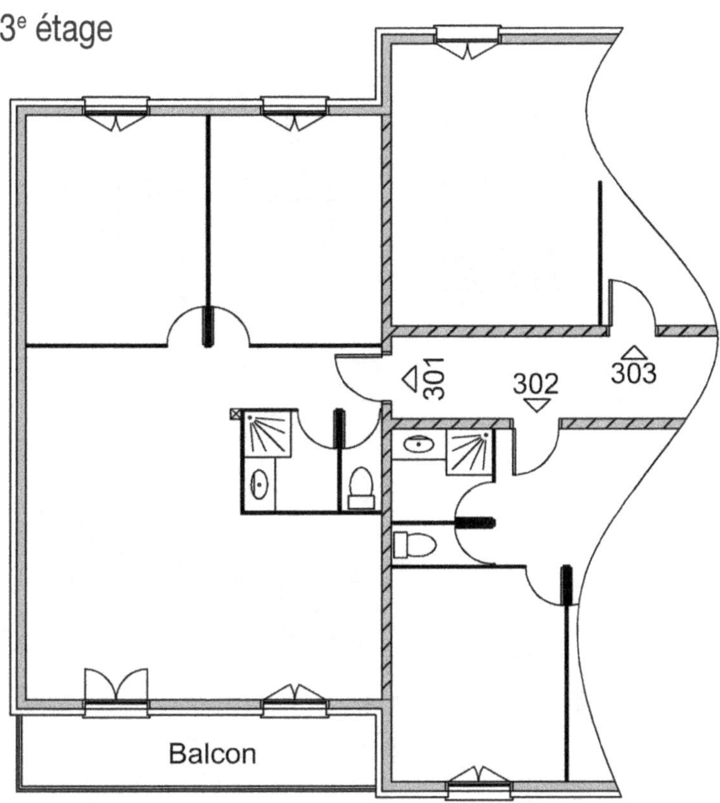

CHAPITRE 6

Étude de cas : carnet de détails

Contexte

Construire un bâtiment est une opération complexe qui nécessite l'élaboration d'un dossier comprenant des documents techniques :

- des plans qui définissent les formes et les dimensions ;
- des pièces écrites qui précisent les matériaux utilisés et la qualité demandée lors de la mise en œuvre.

Cependant, pour des points techniques complexes nécessitant une grande précision, il est utile d'inclure dans le dossier un « carnet de détails » renfermant un ensemble de dessins de détails. Chacun de ces dessins sera caractérisé par :

- une vue en coupe ou, plus souvent, une section ;
- une échelle de 1/2, 1/5 ou 1/10 ;
- un repérage détaillé des matériaux et la désignation correspondante ;
- une cotation en centimètres ou en millimètres ;
- des hachures ou des couleurs (dans ce dernier cas, une légende est nécessaire) ;
- un titre.

Nous poursuivons ici l'étude de cas du chapitre 3 de la partie 1 (« Étude de cas : lecture de plans »).

La maîtrise d'œuvre décide d'inclure un carnet de détails au dossier technique, comprenant :

- le dallage sur terre-plein (dessin de détail donné mais à compléter) ;
- le plancher entre le rez-de-chaussée et l'étage (dessin de détail à faire) ;
- le mur extérieur en partie habitable, donc isolé (dessin de détail à faire).

Le travail sera basé sur le « devis descriptif sommaire » suivant :

Lot 01 - Terrassements, maçonnerie et béton armé

- Terrain plat, à débroussailler.
- Fondations superficielles.

- Murets de soubassement en blocs de béton pleins.
- Protection contre l'humidité des parois enterrées.
- Murs en élévation en blocs de béton creux de 20 cm d'épaisseur.
- Dallage comprenant une couche de forme de 20 cm avec, au-dessus, 2 cm de sable, puis 6 cm d'isolant et enfin 12 cm pour le corps de dallage en béton armé.
- Dalle pleine en béton armé de 20 cm d'épaisseur entre RdC et étage.
- Enduit de façade monocouche ; épaisseur : 2 cm.

Lot 02 - Charpente

- Pente de 35 %.
- Charpente industrielle par fermettes en bois.

Lot 03 - Couverture - zinguerie

- Couverture en tuiles mécaniques romanes rouges, à emboîtement.
- Tuiles posées sur liteaux.
- Habillage en frisette sous débords de toiture.
- Zinguerie pour eaux pluviales en zinc avec dauphins en fonte.

Lot 04 - Menuiseries extérieures

- Fenêtres et portes-fenêtres en PVC, à double vitrage.
- Volets roulants en PVC blanc.
- Porte d'entrée en bois exotique, isolée thermiquement.
- Porte de communication avec le garage, post-formée, isolée thermiquement.

Lot 05 - Plâtrerie

- Doublage des murs extérieurs : complexe comprenant une plaque de plâtre de 10 mm, 120 mm de laine de verre et des plots de colle d'une épaisseur de 10 mm (pour collage au mur porteur).
- Cloisons de distribution en plaques de plâtre sur âme alvéolaire cartonnée ; épaisseur totale : 50 mm.
- Plafond du rez-de-chaussée en plaques de plâtre de 13 mm, avec mise en place d'une laine de verre de 40 mm, et plénum (vide) de 50 mm.
- Plafond de l'étage en plaques de plâtre de 13 mm, avec incorporation de laine de verre de 300 mm.

Lot 06 - Revêtements de sols intérieurs

- Chape armée en mortier de ciment ; épaisseur : 6 cm en RdC.
- Chape en mortier de ciment d'une épaisseur de 4 cm à l'étage.
- Carrelage en grès émaillé, pose collée (épaisseur : 1 cm), sur tout le RdC et à l'étage pour le dégagement, la salle de bains et les W.-C.
- Parquet stratifié dans les chambres.

Lot 07 - Menuiseries intérieures

- Portes intérieures post-formées, droites, à deux panneaux.
- Escalier de communication tournant en bois exotique.
- Portes de placard coulissantes.

Lot 08 - Peintures

- Peintures appropriées sur murs des pièces humides, huisseries et plafonds.
- Papiers peints vinyliques sur murs des autres pièces.

Lot 09 - Chauffage

- Chaudière gaz murale ventouse de 23 kW, avec production d'eau pour le chauffage et d'eau chaude sanitaire accumulée dans ballon.
- Plancher chauffant au rez-de-chaussée comprenant 6 cm d'isolant thermique posé sur le dallage, sur lequel sont clipsés les tuyaux de chauffage. *Le lot 06 est chargé d'incorporer la tuyauterie dans la chape.*
- Radiateurs à l'étage.

Lot 10 - Plomberie - sanitaire

- Évier un bac inox.
- Baignoire acrylique.
- Vasques céramique.
- W.-C. céramique, réservoir 3-6 l.
- Robinetterie : mitigeurs.
- Évacuation : tubes PVC.
- Alimentation : tubes PE dans gaines.

Lot 11 - Électricité, courants forts et faibles - VMC

- VMC simple flux, entrées d'air hygro-réglables.
- Électricité : conforme à la norme NFC 15-100.

Lot 12 - VRD

- Accès de la rue au bâtiment.
- Raccordements aux réseaux publics.

Travail demandé

Énoncé

1. *Réserve de sol du RdC*

L'épaisseur, au-dessus du dallage, des ouvrages des lots 06 et 09 est appelée « réserve de sol ».

Déterminez en centimètres l'épaisseur de la réserve de sol.

En déduire le niveau sur le dallage (niveau dit « brut »), sachant que le niveau du sol « fini » au RdC est sur le carrelage à + 0,000.

Voici le carnet de détail du dallage sur terre-plein, il faudra au préalable en compléter la cotation :

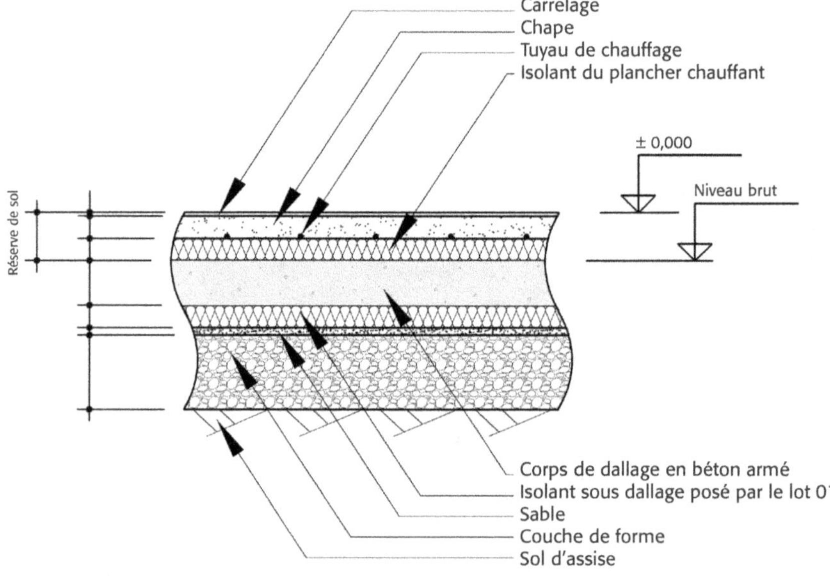

Sans échelle

2. *Tableaux préparatoires au carnet de détails*

Il faut réunir les informations nécessaires, à partir du « devis descriptif sommaire ». Pour y parvenir, renseignez les deux tableaux ci-dessous.

Plancher entre RdC et étage en pièce humide	En allant du haut vers le bas	
Lots	**Les différents composants**	**Épaisseurs en mm**
Lot 06 - Revêtements de sols		
Lot 01 - Terrassements et gros œuvre		
Lot 05 - Plâtrerie		
Lot 08 - Peintures		

Mur extérieur isolé en partie habitable	En allant de l'extérieur vers l'intérieur	
Lots	**Les différents composants**	**Épaisseurs en mm**

3. *Carnet de détails*

Vous devez réaliser le carnet de détails, comprenant deux détails à l'échelle 1/10 :
- plancher entre RdC et étage en pièce humide ;
- mur extérieur en partie habitable.

Consignes particulières

Vous dessinerez des sections verticales.
- La hauteur de mur à représenter sera de 1 m.
- La largeur de plancher sera de 1 mètre.
- La liaison mur-plancher n'est pas à représenter.
- Le dessin des armatures des ouvrages en béton armé n'est pas demandé.

Corrigé

1. *Dallage sur terre-plein au RdC : réserve de sol*

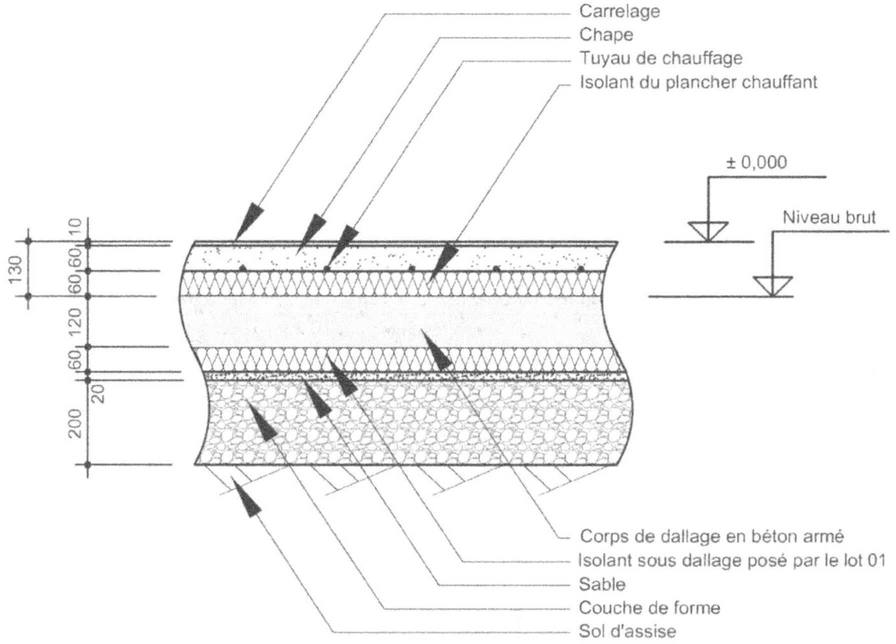

L'épaisseur de la réserve de sol est donc de 130 mm, c'est-à-dire 13 cm.

Le niveau brut sur dallage vaut donc : – 0,130 m.

Le dallage brut est 130 mm plus bas que le niveau de référence :
0,000 – 0,130 = –0,130 m.

2. *Tableaux préparatoires au carnet de détails*

Plancher entre RdC et étage en pièce humide	En allant du haut vers le bas	
Lots	**Éléments**	**Épaisseurs en mm**
Lot 06 - Revêtements de sols	Carrelage en grès émaillé	10
	Chape en mortier de ciment	40
Lot 01 - Terrassements et gros œuvre	Dalle pleine en béton armé	200
Lot 05 - Plâtrerie	Plénum	50
	Laine de verre	40
	Plaques de plâtre sur ossature métallique	13
Lot 08 - Peintures	Peinture plafond	Environ 0

Mur extérieur en partie habitable	En allant de l'extérieur vers l'intérieur	
Lots	**Éléments**	**Épaisseurs en cm**
Lot 01 - Terrassements GO	Enduit de façade monocouche	20
	Blocs de béton creux	200
Lot 05 - Plâtrerie	Plots de colle	10
	Laine de verre	120
	Plaque de plâtre	10
Lot 08 - Peintures	Papier peint	Environ 0

3. *Carnet de détails*

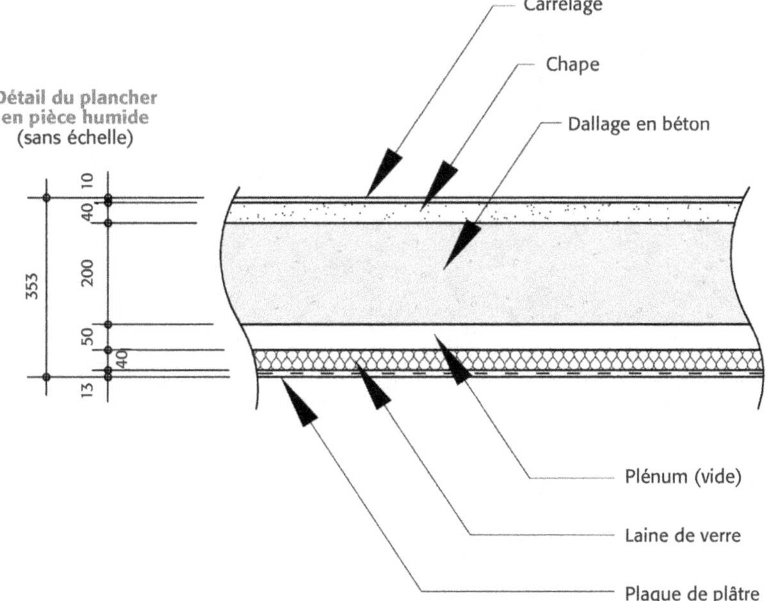

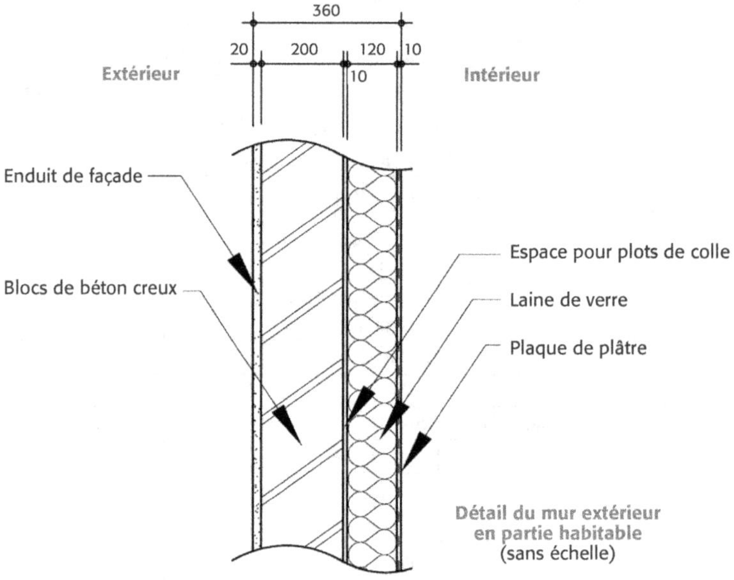

360
20
200
120
10
10
Extérieur
Intérieur
Enduit de façade
Blocs de béton creux
Espace pour plots de colle
Laine de verre
Plaque de plâtre
Détail du mur extérieur
en partie habitable
(sans échelle)

Partie III

Outils calculatoires de base

CHAPITRE 1

Longueurs - Surfaces - Volumes

Dans ce chapitre, les longueurs des différents côtés seront notées : a, b, c, etc.

Les sommets des figures seront repérés par une lettre : A, B, C, etc.

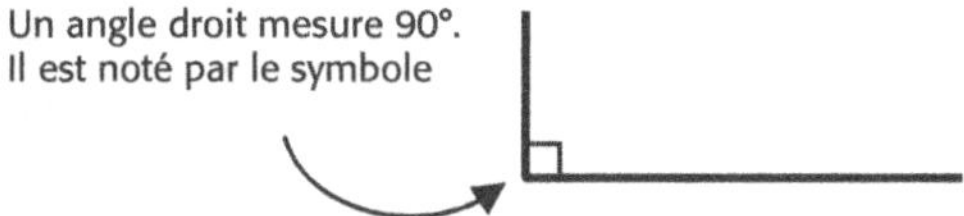

Focus

Les formules présentées ici peuvent être traduites aussi bien en millimètres qu'en centimètres ou en mètres.

En revanche, il est essentiel de ne pas mélanger les unités dans un même calcul ! Cela est évident, mais il n'est pas rare de voir des erreurs se glisser lorsqu'on est plongé dans la complexité d'un dossier.

1.1 Les périmètres des surfaces planes

Le périmètre P correspond à la longueur du contour d'une forme.

Voici l'exemple d'une parcelle constructible dont on veut déterminer le périmètre à clôturer :

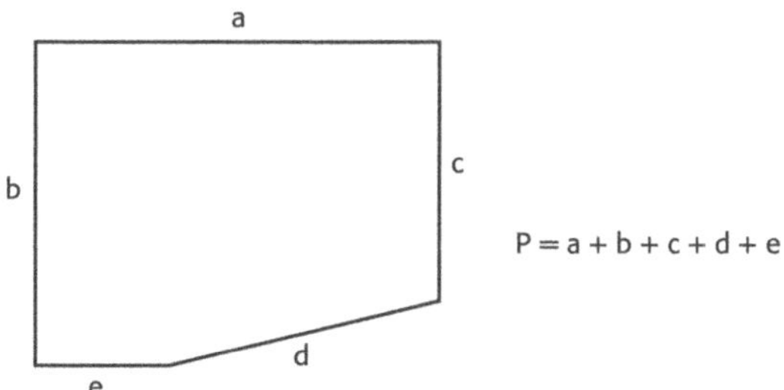

Il existe, bien entendu, des formules pour les formes particulières. Dans le bâtiment, nous trouverons :

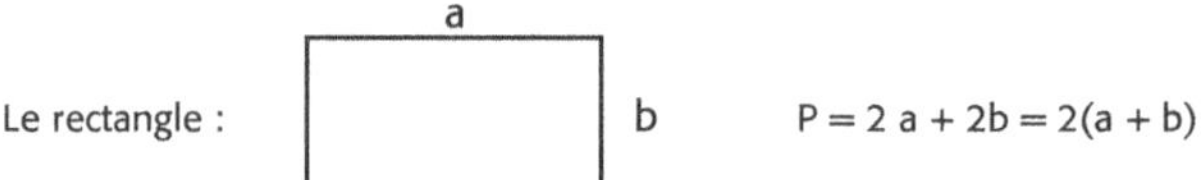

Le rectangle : $\qquad$ $P = 2a + 2b = 2(a + b)$

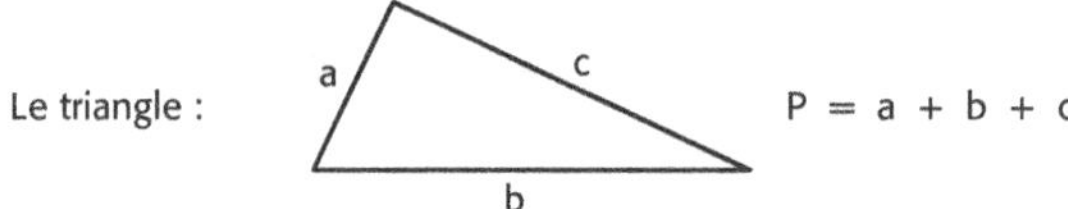

Le carré : $\qquad$ $P = 4a$

Le cercle : $\qquad$ $P = 2\,\pi\,R$ ou $P = \pi\,D$

Le triangle : $\qquad$ $P = a + b + c$

Application 1

Énoncé

1. Déterminer le périmètre du terrain ci-dessous.

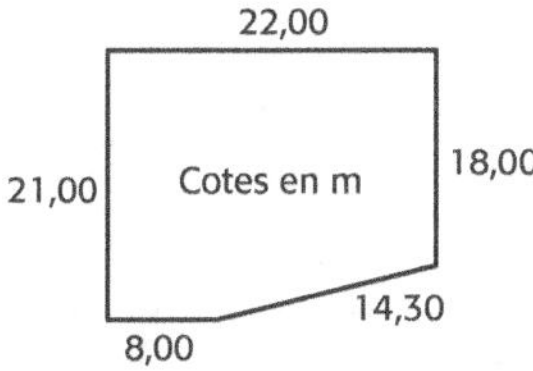

   Ce terrain va être clôturé par un grillage.

   Sachant qu'il faudra laisser un vide de trois mètres pour un portail, quelle longueur de grillage faut-il commander ?

2. Voici la vue en plan du contour d'une villa dont on veut calculer la surface d'enduit de façade.

   Effectuer ce calcul nécessite de connaître au préalable le périmètre de la villa.

   Quel est-il ?

3. Voici deux poteaux vus en section (coupe horizontale). On cherche à connaître le périmètre de chacun pour le coffrage.

4. Voici un toit en vue de dessus.

   Les eaux de pluie sont recueillies par des gouttières situées en périphérie du toit.

   Il faut calculer la longueur des gouttières.

   Pour la connaître, il suffit de calculer le périmètre de ce toit.

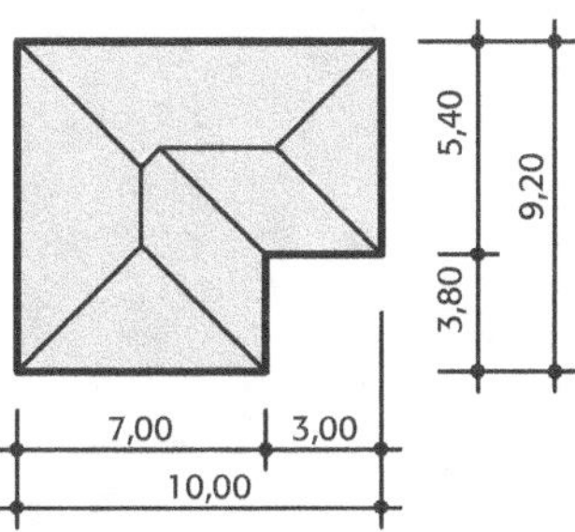

Corrigé

1. Calcul du périmètre du terrain :

22,00 + 18,00 + 14,30 + 8,00 + 21,00 = 83,30 m.

Sachant qu'il faut déduire 3,00 m pour le portail, il faut commander :

83,30 – 3,00 = 80,30 m de grillage.

2. Le périmètre est égal à : 2 × (9,50 + 7,00) = 33,00 m.

3. Périmètre du poteau carré : 4 × 20 = 80 cm.

Périmètre du poteau circulaire : πD avec D = 20 cm → π × 20 = 62,83 cm.

4. On peut éventuellement procéder par petits bouts :

10,00 + 5,40 + 3,00 + 3,80 + 7,00 + 9,20 = 38,40 m.

Dans ce cas de figure, on peut aussi directement calculer :

2 × 10,00 + 2 × 9,20 = 38,40 m.

1.2   Les superficies des surfaces planes

On peut parler de superficie (S) ou d'aire : il s'agit de la mesure d'une surface. Toute forme particulière nécessitera d'être décomposée en plusieurs formes simples choisies dans la liste suivante :

Le rectangle : 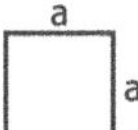 $S = a \times b$

Le carré :  $S = a \times a = a^2$

Le cercle : 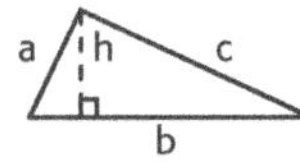 $S = \pi R^2$ ou $S = \dfrac{\pi D^2}{4}$

Le triangle : 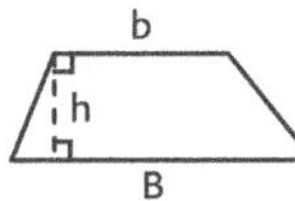 $S = \dfrac{b \times h}{2}$

(h est la hauteur du triangle, mesurée perpendiculairement au côté, et passant par le sommet opposé au côté).

Le trapèze : 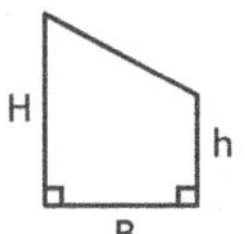 $S = h \times \dfrac{(B + b)}{2}$

(h est la hauteur du trapèze, mesurée perpendiculairement au côté).

$S = h \times \dfrac{(B + b)}{2}$

À noter : $\dfrac{(B + b)}{2}$ *est la moyenne des bases*

$S = B \times \dfrac{(H + h)}{2}$

À noter : $\dfrac{(H + h)}{2}$ *est la moyenne des hauteurs*

Focus

Dans le bâtiment et les travaux publics, l'unité de mesure des aires est le mètre carré (m^2). Il faut, par conséquent, que les longueurs des côtés soient exprimées en mètres.

Application 2

Énoncé

1. Calculer la surface de dallage de cette maison.

Nota

Le dallage est coulé entre les murs

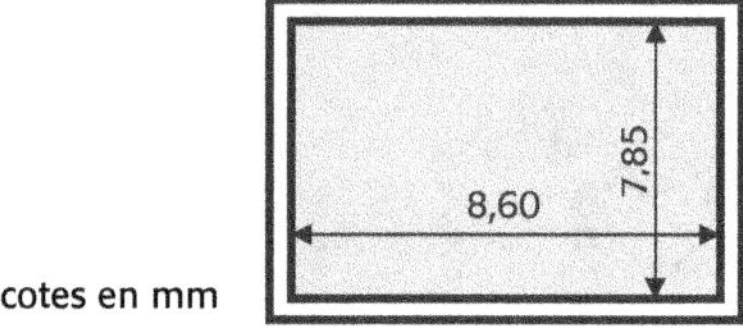

2. Vérifier la surface de la parcelle de terrain ci-contre.

Valeur figurant sur l'acte de vente : 441 m^2.

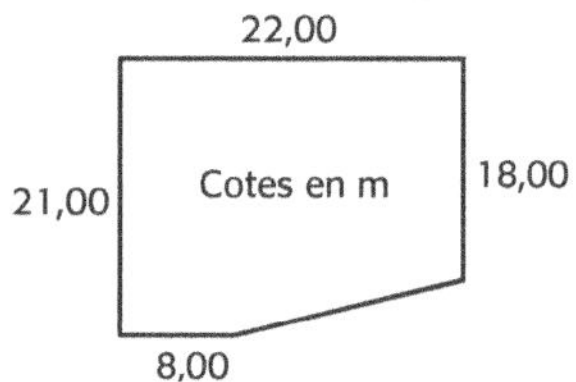

Corrigé

1. La surface de ce dallage est : 8,60 × 7,85 = 67,51 m^2.

2. Il faut décomposer cette forme complexe en plusieurs surfaces simples. Il y a plusieurs possibilités pour cela. Il est préférable de calculer la surface la plus grande (appelée surface « enveloppe »), puis déduire ce qui est en trop.

Ici, cela signifie que nous allons calculer la surface d'un rectangle de 22,00 m par 21,00 m, puis déduire un triangle de 14,00 m (22,00 − 8,00) par 3,00 m (21,00 − 18,00) :

22,00 × 21,00 − 14,00 × 3,00 / 2 = 441,00 m^2.

1.3   Les volumes

Pour la plupart des volumes que l'on rencontre dans le bâtiment, le calcul consiste à reprendre l'aire de la surface plane, multipliée par la hauteur : V = S × h.

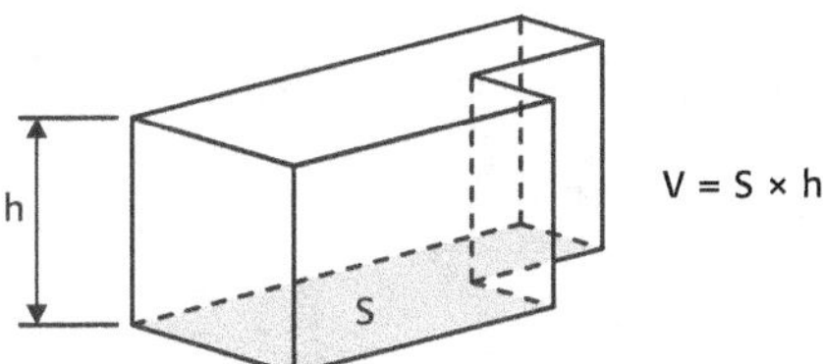

Il existe cependant des formes particulières, pour lesquelles il faudra utiliser des formules spécifiques. Parmi ces formes envisageables, nous nous contenterons de citer celle des pyramides à base rectangulaire :

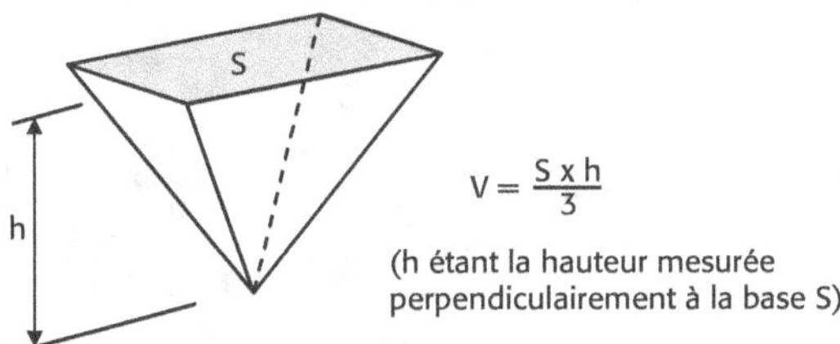

Application 3

Énoncé

1. Déterminer la section du poteau ci-dessous :

   Ce poteau mesure 2,40 m de haut.

   Calculer le volume de béton nécessaire.

2. Calculer le volume de ce bureau, sachant que la hauteur de la pièce est de 2,50 m.

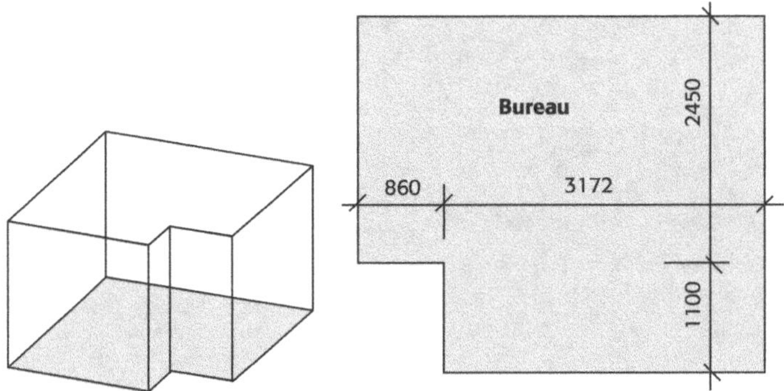

Corrigé

1. L'aire de la section vaut πR^2 avec R = 300 / 2 = 150 mm, soit 0,150 m :

➜ aire = $\pi \times 0,15^2$ = 0,0707 m².

Le volume du poteau est égal à l'aire que multiplie la hauteur du poteau :

➜ V = aire × h = 0,0707 × 2,40 = 0,170 m³ environ.

2. Il faut commencer par calculer la surface au sol du bureau.

Solution 1 : en décomposant en deux rectangles « horizontaux » :

$$4,032 \text{ m} \times 2,450 \text{ m} + 3,172 \text{ m} \times 1,100 \text{ m} = 13,37 \text{ m}^2.$$

Pour information : 4,032 = 3,172 + 0,860.

Solution 2 : en décomposant en deux rectangles « verticaux » :

$$0,860 \text{ m} \times 2,450 \text{ m} + 3,172 \text{ m} \times 3,550 \text{ m} = 13,37 \text{ m}^2.$$

Pour information : 3,550 = 2,450 + 1,100.

Solution 3 : avec une surface « enveloppe » moins le surplus :

$$4,032 \text{ m} \times 3,550 \text{ m} - 0,860 \text{ m} \times 1,100 \text{ m} = 13,37 \text{ m}^2.$$

Pour conclure : on peut maintenant calculer le volume de la pièce qui est égal à l'aire que multiplie la hauteur :

$$V = 13,37 \times 2,50 = 33,425 \text{ m}^3.$$

CHAPITRE 2

Angles - Trigonométrie - Pentes

Dans ce chapitre, les longueurs des différents côtés seront notées : a, b, c, etc. (en lettres minuscules).

Les sommets des figures seront repérés par une lettre : A, B, C, etc. (en lettres majuscules).

Les angles seront notés : α, β, γ, etc. (en lettres grecques).

Focus

Les formules présentées ici peuvent être traduites aussi bien en millimètres qu'en centimètres ou en mètres.

En revanche, il est essentiel de ne pas mélanger les unités dans un même calcul ! Cela est évident, mais il n'est pas rare de voir des erreurs se glisser lorsqu'on est plongé dans la complexité d'un dossier.

Par ailleurs, lorsqu'on se sert de sa calculatrice pour des calculs d'angles, il faut vérifier l'unité prise en charge : degrés ou radians, ou grades.

2.1   Les angles

On peut définir un angle comme étant l'intersection entre deux demi-droites de même origine.

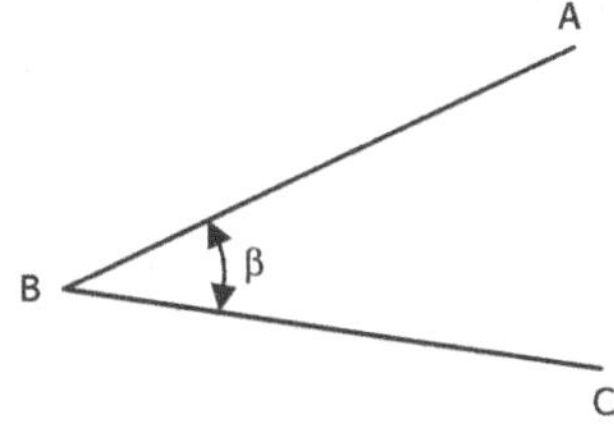

Dans l'exemple ci-contre, l'angle peut être appelé $\widehat{ABC}$ (B étant le sommet de l'angle). Il peut aussi être désigné par une lettre grecque (β, par exemple).

Quand on indique une valeur pour un angle, il s'agit de la mesure de l'ouverture de cet angle (c'est-à-dire du secteur angulaire).

La mesure d'un angle est fréquemment indiquée en degrés. Par exemple, un angle droit mesure 90°.

Les géomètres topographes travaillent, quant à eux, en grades. Un angle droit mesure 100 grades.

En mathématiques (et, par extension, sur les tableurs informatiques), l'unité utilisée pour la trigonométrie est le radian. Un angle droit mesure $\dfrac{\pi}{2}$ rad.

Schéma				
Angle en degrés	45°	90°	180°	360°
Angle en grade	50 grades	100 grades	200 grades	400 grades
Angle en radians	$\dfrac{\pi}{4}$ rad	$\dfrac{\pi}{2}$ rad	π rad	2π rad

Si on veut convertir la mesure d'un angle quelconque dans une autre unité que celle utilisée au départ, on pourra se référer au tableau de conversion suivant :

Conversion en ... / Angle initial en ...	degrés	grades	radians
degrés		$\ldots \times \dfrac{200}{180}$	$\ldots \times \dfrac{\pi}{180}$
grades	$\ldots \times \dfrac{180}{200}$		$\ldots \times \dfrac{\pi}{200}$
radians	$\ldots \times \dfrac{180}{\pi}$	$\ldots \times \dfrac{200}{\pi}$	

Cas particulier des angles complémentaires et supplémentaires

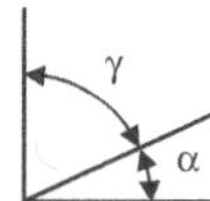

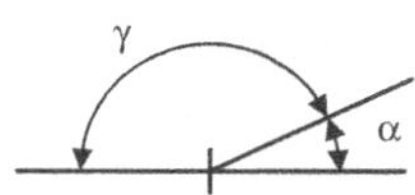

L'angle γ est dit complémentaire de l'angle α. La somme des deux mesures d'angle fait 90°.

L'angle γ est dit supplémentaire à l'angle α. La somme des deux mesures d'angle fait 180°.

Cas particulier des angles opposés

Ces deux droites sécantes (qui se coupent) en E font apparaître quatre angles.

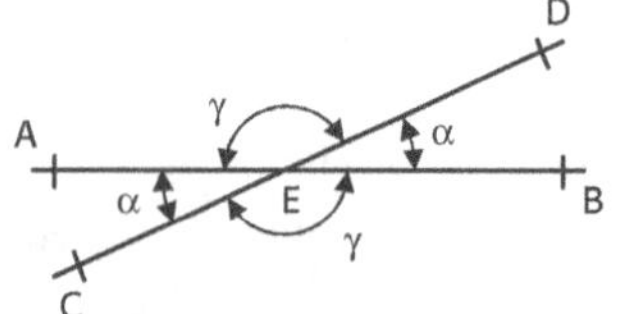

Les angles $\widehat{AEC}$ et $\widehat{DEB}$ ont la même mesure d'angle : α.
Les angles $\widehat{AED}$ et $\widehat{CEB}$ ont la même mesure d'angle : γ.

Cas particulier des angles correspondants

La droite (d1) est sécante à deux droites parallèles (d2) et (d3).

On constate des correspondances d'angles, comme par exemple α.

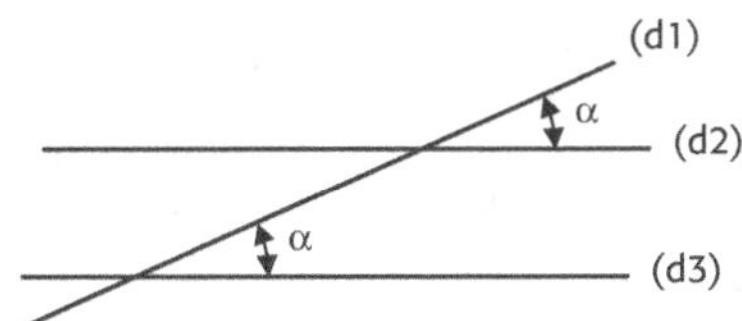

Illustration de correspondance d'angles de mesure d'ouverture α

2.2   Les triangles rectangles

Les sommets des figures seront repérés par une lettre : A, B, C.

Les angles seront notés : α, β, γ.

Cas du triangle quelconque

Pour le moment, il suffira de retenir que la somme des trois ouvertures d'angles intérieurs est égale à 180° :

$$\alpha + \beta + \gamma = 180°.$$

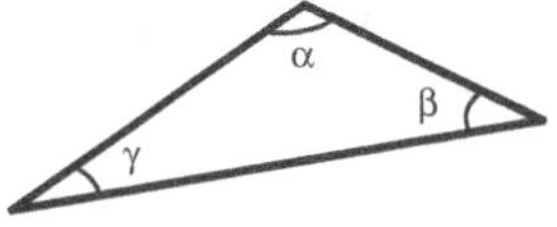

Les autres propriétés des triangles seront développées pour les triangles rectangles uniquement. À noter qu'il existe quelques formules applicables à des triangles quelconques, mais cela va au-delà du strict nécessaire présenté ici.

Cas du triangle rectangle

- Dans ce triangle rectangle en A, la somme des deux autres angles est égale à 90° :

$$\beta + \gamma = 90°$$

- Théorème de Pythagore dans un triangle rectangle :

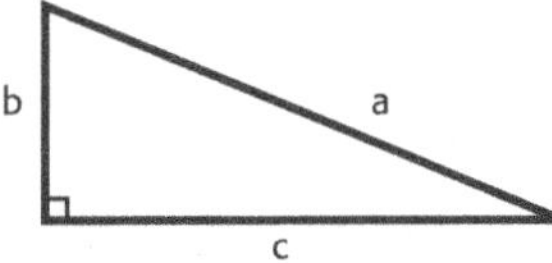

On appelle « hypoténuse » le côté opposé à l'angle droit ; c'est le plus grand des trois côtés.

Ici, la longueur de l'hypoténuse est notée « a ».

$$a^2 = b^2 + c^2$$

La formule présentée ci-dessus varie, bien sûr, en fonction des notations choisies. Pour éviter des erreurs, on peut retenir que :

« Le carré de l'hypoténuse est égal à la somme des carrés des deux autres côtés. »

Focus

On est amené à utiliser régulièrement l'une des égalités suivantes pour déterminer l'une des longueurs du triangle rectangle ; « a » étant l'hypoténuse on obtient:

$$a = \sqrt{b^2 + c^2} \; ; \qquad b = \sqrt{a^2 - c^2} \; ; \qquad c = \sqrt{a^2 - b^2}.$$

Relations trigonimétriques

Dans les triangles rectangles, on se sert fréquemment des cosinus (noté « cos »), sinus (noté « sin ») et tangente (noté « tan ») des angles. Avant de donner des formules à appliquer (voir Focus, ci-dessous), nous allons commencer par expliquer leur signification.

• Prenons un cercle de rayon 1 et de centre O par lequel passent deux axes orthogonaux :

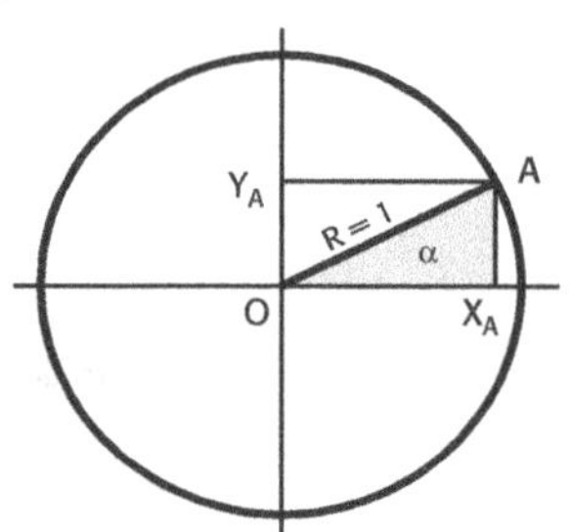

Si l'on prend un point A situé sur ce cercle de rayon 1, on détermine un triangle rectangle.

Les projections du point A sur les deux axes orthogonaux sont les points X_A et Y_A.

X_A et Y_A varient en fonction de l'angle α.

On peut mesurer les distances entre O et X_A ainsi qu'entre O et Y_A :

– la distance OX_A est appelée « cos α » ;

– la distance OY_A est appelée « sin α ».

On établit aussi un rapport entre OY_A et OX_A : $\tan \alpha = \dfrac{OY_A}{OX_A} = \dfrac{\sin \alpha}{\cos \alpha}$

• Voici maintenant un cercle de rayon R (différent de 1). En appliquant la proportionnalité, on obtient cette fois-ci :

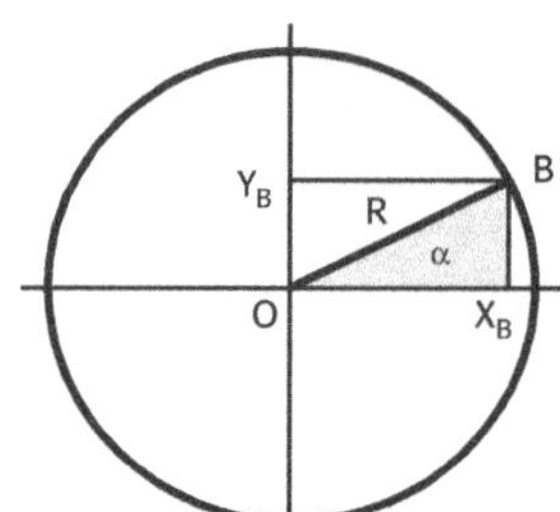

$OX_B = R \cos \alpha$

$OY_B = R \sin \alpha$

On en déduit que, de manière générale :

$$\cos \alpha = \frac{OX_B}{R}$$

$$\sin \alpha = \frac{OY_B}{R}$$

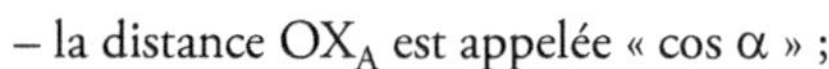

Focus

Ces formules sont plus connues sous la forme :

$$\cos \alpha = \frac{\text{côté adjacent à l'angle}}{\text{hypothénuse}}$$

$$\sin \alpha = \frac{\text{côté opposé à l'angle}}{\text{hypothénuse}}$$

$$\tan \alpha = \frac{\text{côté opposé}}{\text{côté adjacent}}$$

Ces formules sont utilisables dans tout triangle rectangle, à condition de bien repérer le côté adjacent et le côté opposé par rapport à l'angle :

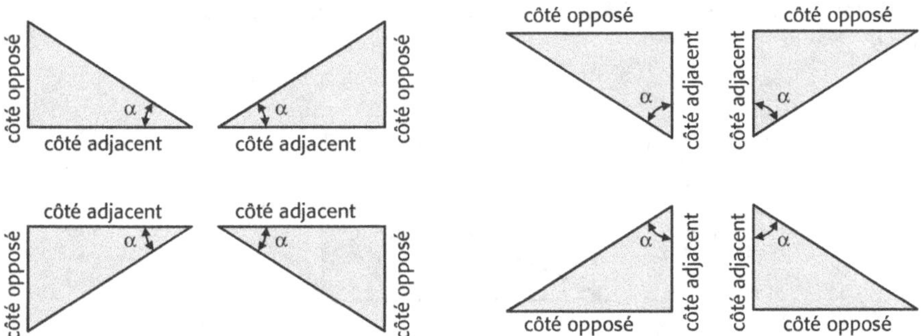

- Parfois, on connaît toutes les dimensions du triangle rectangle, mais on recherche la valeur d'un angle. Cela est possible grâce aux fonctions arc cosinus, arc sinus ou arc tangente.

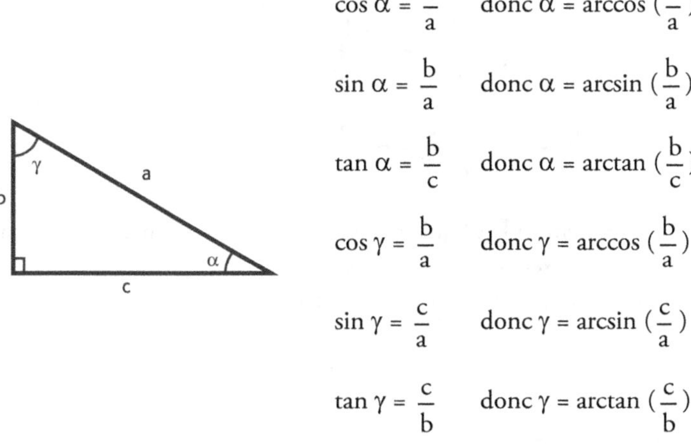

$$\cos \alpha = \frac{c}{a} \qquad \text{donc } \alpha = \arccos\left(\frac{c}{a}\right)$$

$$\sin \alpha = \frac{b}{a} \qquad \text{donc } \alpha = \arcsin\left(\frac{b}{a}\right)$$

$$\tan \alpha = \frac{b}{c} \qquad \text{donc } \alpha = \arctan\left(\frac{b}{c}\right)$$

$$\cos \gamma = \frac{b}{a} \qquad \text{donc } \gamma = \arccos\left(\frac{b}{a}\right)$$

$$\sin \gamma = \frac{c}{a} \qquad \text{donc } \gamma = \arcsin\left(\frac{c}{a}\right)$$

$$\tan \gamma = \frac{c}{b} \qquad \text{donc } \gamma = \arctan\left(\frac{c}{b}\right)$$

Nota

Il existe diverses notations pour ces fonctions :
– Arc cosinus - Arccos - Acos - Acs - $\cos^{-1}$
– Arc sinus - Arcsin - Asin - Asn - $\sin^{-1}$
– Arc tangente - Arctan - Atan - Atn - $\tan^{-1}$

2.3   Les pentes

Il existe deux notations pour indiquer les pentes. Elles seront présentées ici grâce à deux exemples.

Première notation

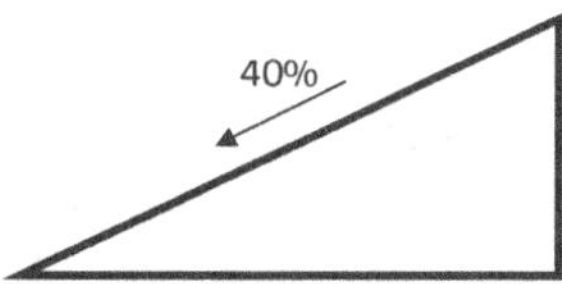

La pente est, dans cet exemple, égale à 40 %,

Cela signifie qu'il y a une différence de hauteur de 40 unités lorsqu'on parcourt 100 unités horizontalement.

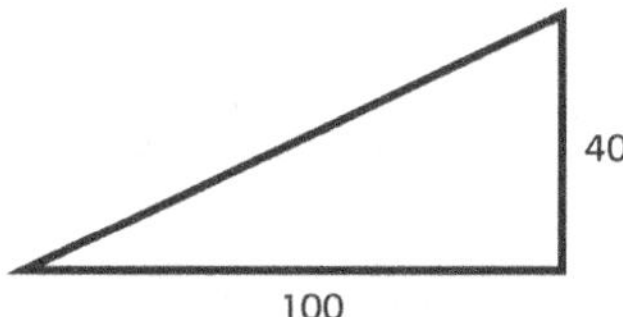

On trouve parfois la notation « 40 cm/m », ce qui est logique étant donné qu'il y a 100 cm dans 1 m. Écrire « 40 cm/m » est équivalent à « 40 cm/100 cm » ou encore « 40 % ».

Ces notations sont très employées pour les rampes, les toits, les canalisations.

Seconde notation

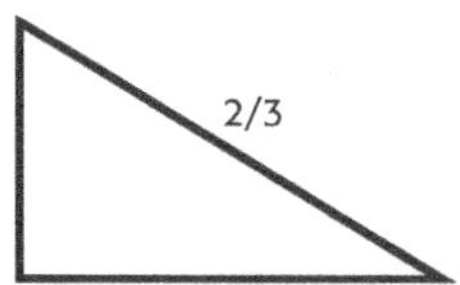

Dans ce second exemple, la pente est notée 2/3 (2 pour 3). Cela signifie qu'il y a une différence de hauteur de deux unités lorsqu'on parcourt trois unités horizontalement.

Cette notation est très utilisée pour les terrassements.

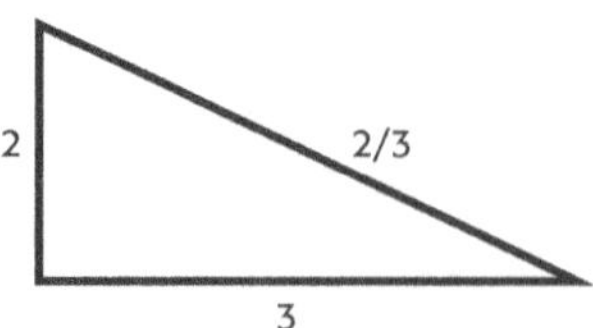

Application

Énoncé

1. Voici la coupe verticale d'un auvent. La structure horizontale [ABC] qui porte la couverture en bacs métalliques est maintenue par un tirant [DB].

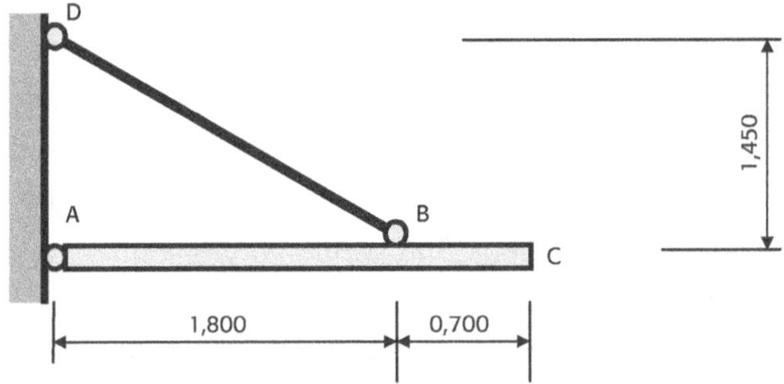

Quelle est la longueur entre D et B ?

Combien mesure l'angle entre le tirant [DB] et la structure [ABC] ?

Combien mesure l'angle entre le tirant [DB] et le mur ?

Les mesures d'angles seront données en degrés.

2. On doit réaliser une terrasse extérieure avec une pente de 5 mm/m pour assurer l'écoulement des eaux de pluie.

La longueur de cette terrasse étant de 4,20 m, déterminer la différence de hauteur entre A et B.

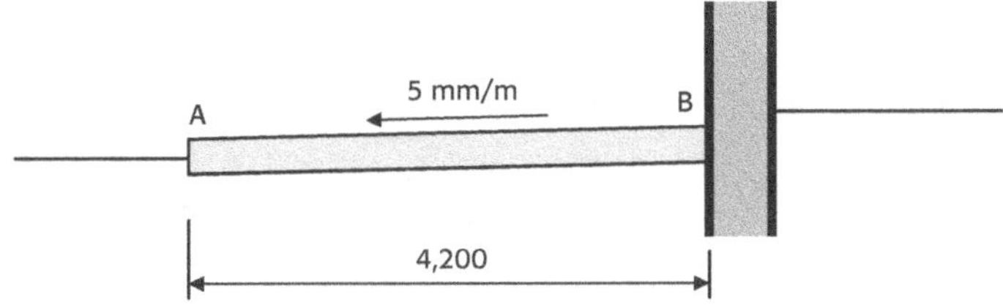

Corrigé

1. *Longueur entre D et B*

Application du théorème de Pythagore :

$$DB^2 = DA^2 + AB^2$$

Donc $DB = \sqrt{(DA^2 + AB^2)} = \sqrt{(1{,}450^2 + 1{,}800^2)} = 2{,}311$ m.

Calcul de l'angle entre [DB] et [ABC]

$$\tan \alpha = \frac{\text{côté opposé}}{\text{côté adjacent}} = \frac{DA}{AB} = \frac{1,450}{1,800}$$

$$\alpha = \arctan \left(\frac{1,450}{1,800}\right) = 38,9° \text{ environ}$$

Calcul de l'angle entre [DB] et [DA]

$$\tan \gamma = \frac{\text{côté opposé}}{\text{côté adjacent}} = \frac{AB}{DA} = \frac{1,800}{1,450}$$

$$\gamma = \arctan \left(\frac{1,800}{1,450}\right) = 51,1° \text{ environ}$$

Vérification : $\alpha + \gamma = 38,9 + 51,1 = 90°$. C'est bien ce qu'il fallait trouver !

2. *Solution 1* : on peut calculer directement : 4,200 m × 5 mm/m = 21 mm de diffé-rence de hauteur.

    Solution 2 : on peut aussi présenter les calculs sous forme d'un tableau pour faire un produit en croix :

	Verticalement	**Horizontalement**
Pente	5 mm	1,000 m
Dimension réelle	ΔH	4,200 m

$\Delta H = 4,200 × 5/1,000 = 21$ mm.

CHAPITRE 3

Étude de cas : implantation

Énoncé

On souhaite implanter une construction sur un terrain. Ce bâtiment est rectangulaire et son emprise correspond aux points A, B, C et D.

Le terrain est délimité par cinq côtés.

L'ensemble terrain + construction est représenté sur le schéma ci-dessous :

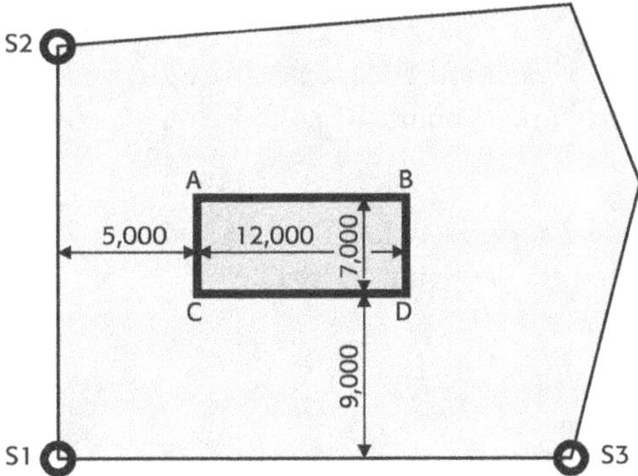

Le terrain comporte un angle droit en S1, c'est-à-dire que (S1-S2) est perpendiculaire à (S1-S3).

Les contours du terrain ont déjà été implantés par un géomètre topographe pour la vente du terrain, en particulier les points S1, S2 et S3.

Avant de débuter la construction, il reste à implanter ce bâtiment rectangulaire. Pour cela, des calculs préalables sont nécessaires.

Comme il est difficile de tracer des perpendiculaires sur le terrain, l'implantation va se faire en coordonnées polaires : chaque point (A, B, C, D) est défini par un angle et une distance. Voici un exemple de définition d'un point M en coordonnées polaires :

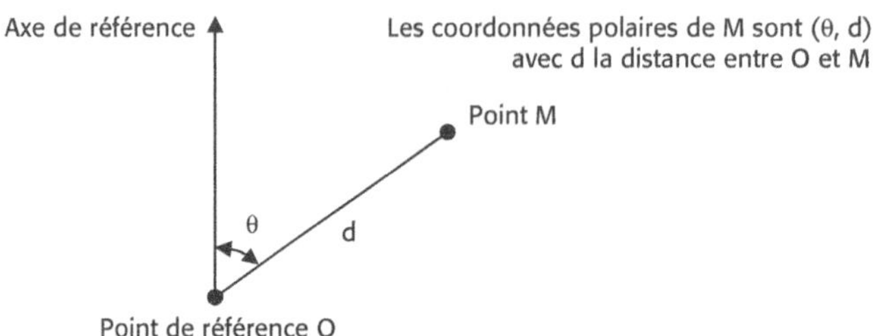

Le matériel topographique sera installé au-dessus de S1. Il s'agira donc du point de référence pour les coordonnées polaires des points à implanter.

1. Pour le point A :
   - Déterminer l'ouverture d'angle θ entre (S1-A) et (S1-S2) en utilisant l'arctan.
   - Quelle est la distance entre S1 et A en appliquant le théorème de Pythagore ?
   - Pour vérification du tracé sur chantier, calculer l'ouverture d'angle entre (S1-A) et (S1-S3).

2. Pour le point B :
   - Calculer l'ouverture d'angle entre (S1-B) et (S1-S2).
   - Calculer la distance entre les points S1 et B.

3. Pour le point C :
   - Calculer l'ouverture d'angle entre (S1-C) et (S1-S2).
   - Calculer la distance entre les points S1 et C.

4. Pour le point D :
   - Calculer l'ouverture d'angle entre (S1-D) et (S1-S2).
   - Calculer la distance entre les points S1 et D.

Corrigé

1. Pour le point A

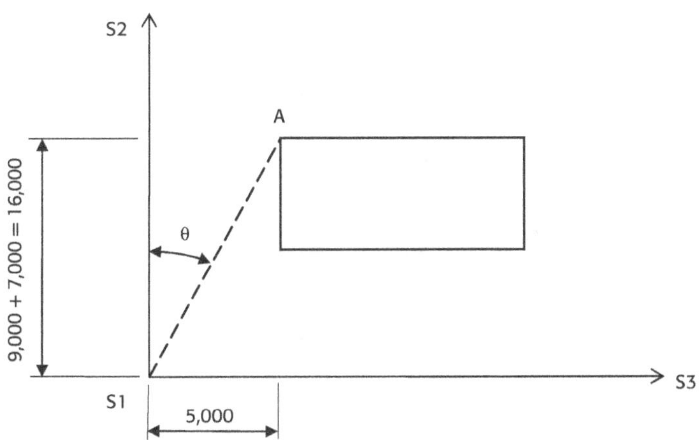

• *Déterminer l'ouverture de l'angle* θ.

θ = arctan (5,000 / 16,000)

$\theta = 17,35°$

ou $\theta = 19,28$ gr

• *Distance entre S1 et A par application du théorème de Pythagore.*

$S1A^2 = 5,000^2 + 16,000^2$

$S1A = \sqrt{(5,000^2 + 16,000^2)}$

$S1A = 16,763$ m

• *Ouverture de l'angle* β *entre (S1-A) et (S1-S2).*

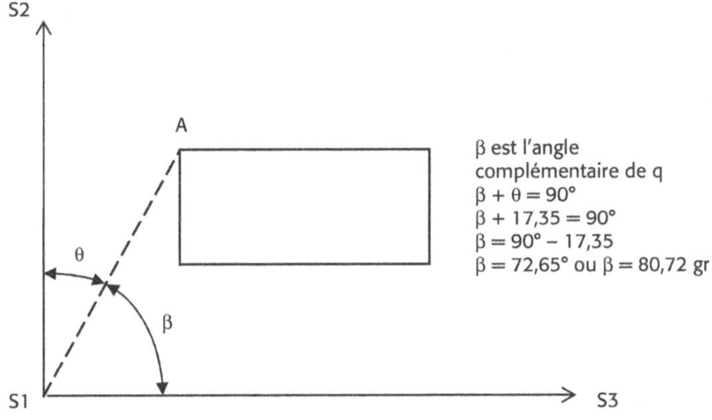

2. Pour le point B

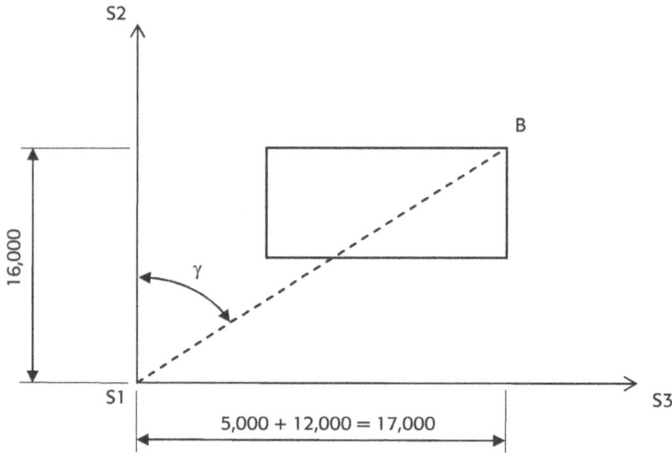

• *Déterminer l'ouverture de l'angle γ.*

γ = arctan (17,000 / 16,000)

• γ = 46,74°

ou γ = 51,93 gr

• *Distance entre S1 et B par application du théorème de Pythagore.*

$S1B^2 = 17{,}000^2 + 16{,}000^2$

$S1B = \sqrt{(17{,}000^2 + 16{,}000^2)}$

$S1B = 23{,}345$ m

3. Pour le point C

On appelle δ l'angle entre (S1-C) et (S1-S2).

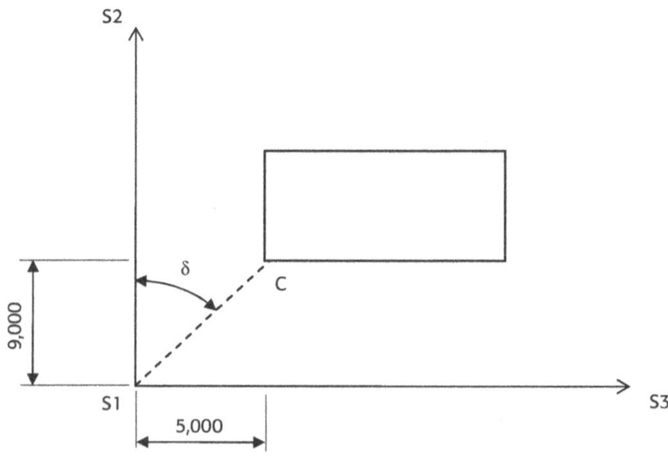

• *Déterminer l'ouverture de l'angle δ.*

δ = arctan (5,000 / 9,000)

δ = 29,05°

ou δ = 32,28 gr

• *Distance entre S1 et C par application du théorème de Pythagore.*

$S1C^2 = 5,000^2 + 9,000^2$

$S1C = \sqrt{(5,000^2 + 9,000^2)}$

S1C = 10,296 m

4. Pour le point D

On appelle α l'angle entre (S1-D) et (S1-S2).

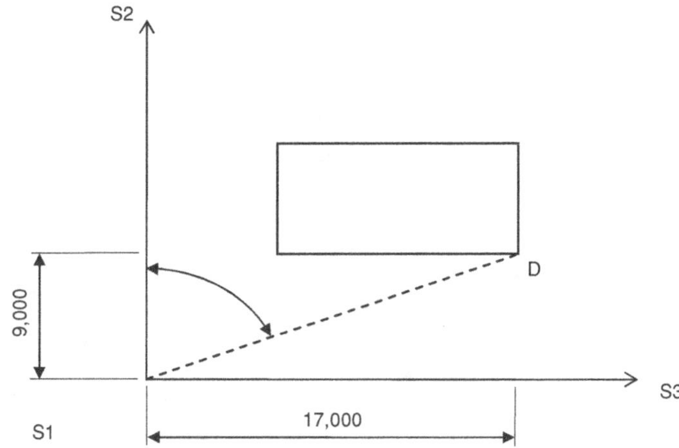

• *Déterminer l'ouverture de l'angle α.*

α = arctan (17,000 / 9,000)

α = 62,10°

ou α = 69,00 gr

• *Distance entre S1 et D par application du théorème de Pythagore.*

$S1D^2 = 17,000^2 + 9,000^2$

$S1D = \sqrt{(17,000^2 + 9,000^2)}$

S1D = 19,235 m

CHAPITRE 4

Étude de cas : charpente

Énoncé

La charpente d'une toiture comporte la structure suivante, qui sert de support au reste de la toiture :

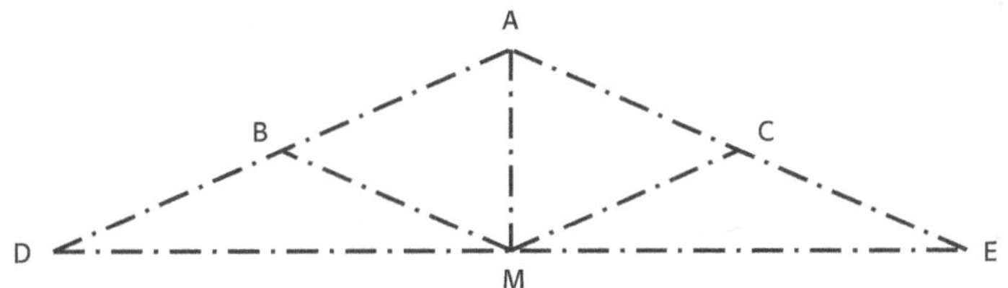

Cette structure, qui s'appelle « une ferme », repose sur des murs en D et en E. La ferme est constituée de pièces de bois massif de forte section. Ne sont représentés ici que les axes de ces pièces.

L'entraxe (distance entre les axes) DE entre ces murs mesure 8,50 mètres.

La pente de la toiture (et, par conséquent, la pente de AD et AE) vaut 40 % pour les deux versants.

- B est au milieu de AD.
- C est au milieu de AE.

À partir de ces informations, vous allez devoir déterminer les dimensions des composants de cette charpente.

1. L'ouverture d'angle entre ADM est-elle identique à celle de AEM ?
2. La longueur DM est-elle identique à la longueur ME ?

   En déduire ces longueurs.
3. Connaissant la pente (40 %), calculer la hauteur AM.
4. Calculer les longueurs AD et AE.
5. Calculer DB et en déduire BM.
6. Le calcul des ouvertures d'angle est-il indispensable pour résoudre ce type de problème géométrique ?

Corrigé

1. Les deux versants du toit ont la même pente (40 %). Il y a donc un axe vertical de symétrie qui passe par AM. On retrouve donc le même angle α pour ADM et AEM.

2. Pour la même raison (symétrie), la longueur DM est identique à la longueur ME. Sachant que DE = 8,50 m, on en déduit DM = ME = $\dfrac{DE}{2}$ = 4,25 m.

3. *Première solution* : calculer directement AM = DM × 40 % = 1,70 m.

   Remarque

   On peut écrire : DM × 40 % ou DM × $\dfrac{40}{100}$ ou DM × 0,40.

   Seconde solution : présenter les informations sous forme de tableau pour ensuite effectuer un produit en croix.

	Verticalement	Horizontalement
Pente	40	100
Dimensions réelles	AM ?	4,25 m

   AM = 4,25 × 40 / 100 = 1,70 m.

4. Du fait de la symétrie, on sait que AD = AE.

   Dans le triangle ADM, on peut calculer AD (qui est l'hypoténuse de ce triangle) en se servant du théorème de Pythagore :

   $$AD^2 = AM^2 + MD^2.$$

   On a donc : AD = $\sqrt{(AM^2 + MD^2)}$ = $\sqrt{(1,70^2 + 4,25^2)}$ = 4,58 m.

5. On sait que B est au milieu de DA, donc DB = $\dfrac{DA}{2}$ = 2,29 m.

   Plaçons le point X (voir schéma), qui est, pour information, la projection du point B sur DM. On peut définir des proportionnalités entre les triangles DBX et DAM.

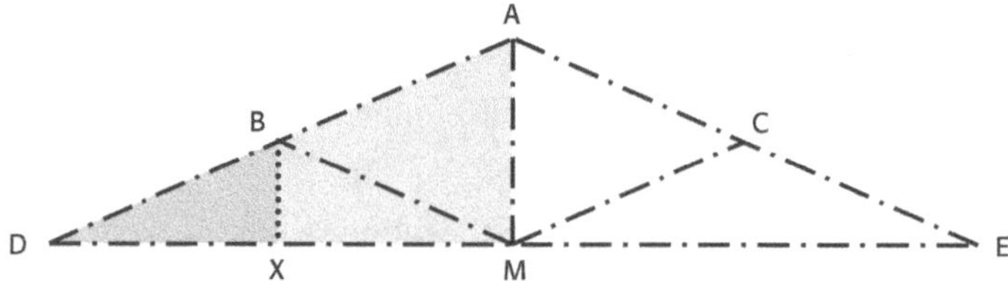

   En effet, sachant que DB = $\dfrac{DA}{2}$, on peut en déduire que :

   $$DX = \dfrac{DM}{2} = \dfrac{4,25}{2} = 2,125 \text{ m}$$

   $$BX = \dfrac{AM}{2} = \dfrac{1,70}{2} = 0,85$$

	Verticalement	**Horizontalement**
Pente	AM	DM
Dimensions réelles	BX	DX

Pour information

Ce principe de proportionnalité est généralisable avec un autre facteur que $\frac{1}{2}$ et est connu sous le nom de « théorème de Thalès ».

Nous pouvons maintenant terminer les calculs de deux manières différentes :
- Solution 1. Nous constatons que nous avons deux triangles identiques : BDX et BMX. Par conséquent, BM = DB = 2,29 m.
- Solution 2. Calculons la valeur BM par le théorème de Pythagore :
  $BM^2 = BX^2 + XM^2$, d'où $BM = \sqrt{(BX^2 + XM^2)} = \sqrt{(0,85^2 + 2,125^2)} = 2,29$ m.

6. Non, il n'a pas été nécessaire de calculer les angles pour résoudre ce type de problème de géométrie.

Partie IV

Compléments de technologie et repérages particuliers

CHAPITRE 1

Fondations et infrastructures

Les fondations ont pour fonction de répartir les charges des constructions sur le sol. Bon nombre des pathologies de construction sont liées à une absence d'étude rigoureuse des propriétés du sol et des fondations, par négligence ou par ignorance.

Les points indispensables sont :

- une étude des sols par un spécialiste : le géotechnicien ;
- le choix du système de fondations en fonction de l'étude des sols ;
- le dimensionnement des fondations, en fonction des charges de l'ouvrage et des caractéristiques spécifiques du sol ;
- la détermination de la profondeur hors gel sous la fondation, en fonction de la zone géographique et de l'altitude ;
- la protection de l'infrastructure (fondations et parois enterrées) contre l'humidité contenue dans les sols (ne serait-ce que l'humidité apportée par les eaux de pluie).

La réalisation des fondations nécessite de creuser le sol. Les travaux de terrassement correspondants s'appellent les « fouilles ».

1.1 Fondations

Beaucoup de constructions sont réalisées avec des fondations dites « superficielles », c'est-à-dire à peu de profondeur. C'est la solution la moins onéreuse, mais elle n'est pas forcément adaptée à tous les sols. Même pour de simples villas, des fondations superficielles peuvent ne pas être une bonne solution.

L'autre solution consiste à effectuer des fondations « profondes », qui vont s'appuyer sur un « bon sol » qu'on trouvera à une plus grande profondeur.

Les fondations sont constituées de béton auquel on associe des armatures (le ferraillage) dont la fonction est de renforcer le béton et de limiter les déformations.

Semelle filante : c'est une semelle qui « file » sous un mur porteur.

Nota

Une cloison n'étant pas porteuse, il n'y a pas de semelle filante sous une cloison.

Semelle isolée : c'est une semelle carrée ou rectangulaire située sous un poteau.

Radier : c'est une « dalle de fondation » reposant sur le sol, réalisée sur toute l'emprise du bâtiment. Elle est dimensionnée pour répartir toutes les charges du bâtiment sur le sol. Attention : en aucun cas, un dallage ou une dalle classique ne peut servir de radier !

Béton de propreté : béton d'épaisseur allant de 5 à 10 cm, coulé sur le sol en fond de fouille. La semelle filante ou isolée, ou le radier, sera réalisée sur ce béton de propreté. Cela permet d'éviter un contact direct entre la terre et la fondation ou son ferraillage, afin de ne pas nuire à la qualité de l'ensemble.

Longrine : « raidisseur » en béton armé associé à une semelle isolée afin de la solidariser au reste des fondations. La nécessité de mettre en œuvre des longrines dépend, en particulier, du type de sol ou du risque sismique de la construction.

1.2 Parois enterrées

Les parois enterrées sont réalisées en béton armé ou en blocs de béton. Elles ont plusieurs fonctions, dont :

- assurer la transition entre la superstructure et les fondations qui doivent être hors gel ;
- protéger la construction de l'humidité contenue dans les sols.

On distingue :

- les murets d'infrastructure, de faible hauteur, si on a un dallage ou un vide sanitaire ;
- les murs enterrés, de hauteur importante, en particulier pour les sous-sols ;
- les murs de soutènement, qui ne font pas partie d'un bâtiment à proprement parler. Ils sont utilisés séparément, pour retenir les terres lorsqu'il y a une différence de niveau.

Nota

Les parois enterrées des bâtiments sont réalisées en continu, même si au-dessus le mur s'arrête à cause d'une ouverture (porte, porte-fenêtre, porte de garage, etc.).

1.3 Protection contre l'humidité des parois enterrées

La protection contre l'humidité des terrains peut comporter plusieurs degrés en fonction de l'ouvrage et du sol. Il faut envisager :

- une conception évitant l'accumulation d'eau de pluie autour de la construction. Cela est particulièrement important pour les terrains en pente, puisqu'il y a ruissellement des eaux de pluie sur le terrain ;
- une coupure de capillarité entre les parois enterrées et les parois de la superstructure, afin d'éviter les remontées d'eau ;

- une étanchéité verticale sur les parois enterrées ;
- un drainage périphérique : système visant à capter l'eau autour de la construction et à l'évacuer. Cela ne pouvant pas être parfait, les autres systèmes de protection contre l'humidité sont nécessaires.

1.4   Représentation graphique

Les plans de fondations sont composés de deux parties :
- une vue en plan ;
- des coupes ou sections à chaque point particulier.

La vue en plan passe par les parois enterrées et « regarde » les fondations par-dessus. Par conséquent :
- les parois enterrées (murs et poteaux) sont en trait renforcé ;
- les fondations sont en trait fort ;
- les axes des parois, ou au moins les intersections entre parois, sont dessinés en trait mixte fin. Ces axes sont importants pour les cotes cumulées servant à l'implantation.

La vue en plan et les coupes font aussi apparaître les contours des terrassements liés aux fondations, ainsi que la cotation correspondante.

Les plans de fondations sont complétés par des plans de ferraillages qui précisent le type de ferraillage à mettre en œuvre pour chaque partie des fondations.

Application

Énoncé

Vous disposez du plan de fondations d'une villa (pages suivantes), comprenant la vue en plan et celle des sections. Il s'agit de fondations superficielles.

1. Laquelle (ou lesquelles) des trois sections (AA, BB ou CC) correspond-elle à une semelle filante ?

2. Quelle est la largeur des semelles filantes ? Quelle est l'épaisseur des murets d'infrastructure ?

3. Laquelle (ou lesquelles) des trois sections (AA, BB ou CC) correspond-elle à une semelle isolée ?

4. Quelles sont la largeur et la longueur de la semelle isolée ? Quelle est la section du poteau ?

5. Quel est le niveau des terrassements à l'intérieur de la construction ? Quel est le niveau des terrassements à l'extérieur de la construction ? Quelle est la différence de niveau entre l'intérieur et l'extérieur ?

6. Y a-t-il un béton de propreté sous les semelles ? Si oui, de quelle épaisseur est-il ?

7. Quelle est la hauteur des semelles ?

Cotation en m,cm

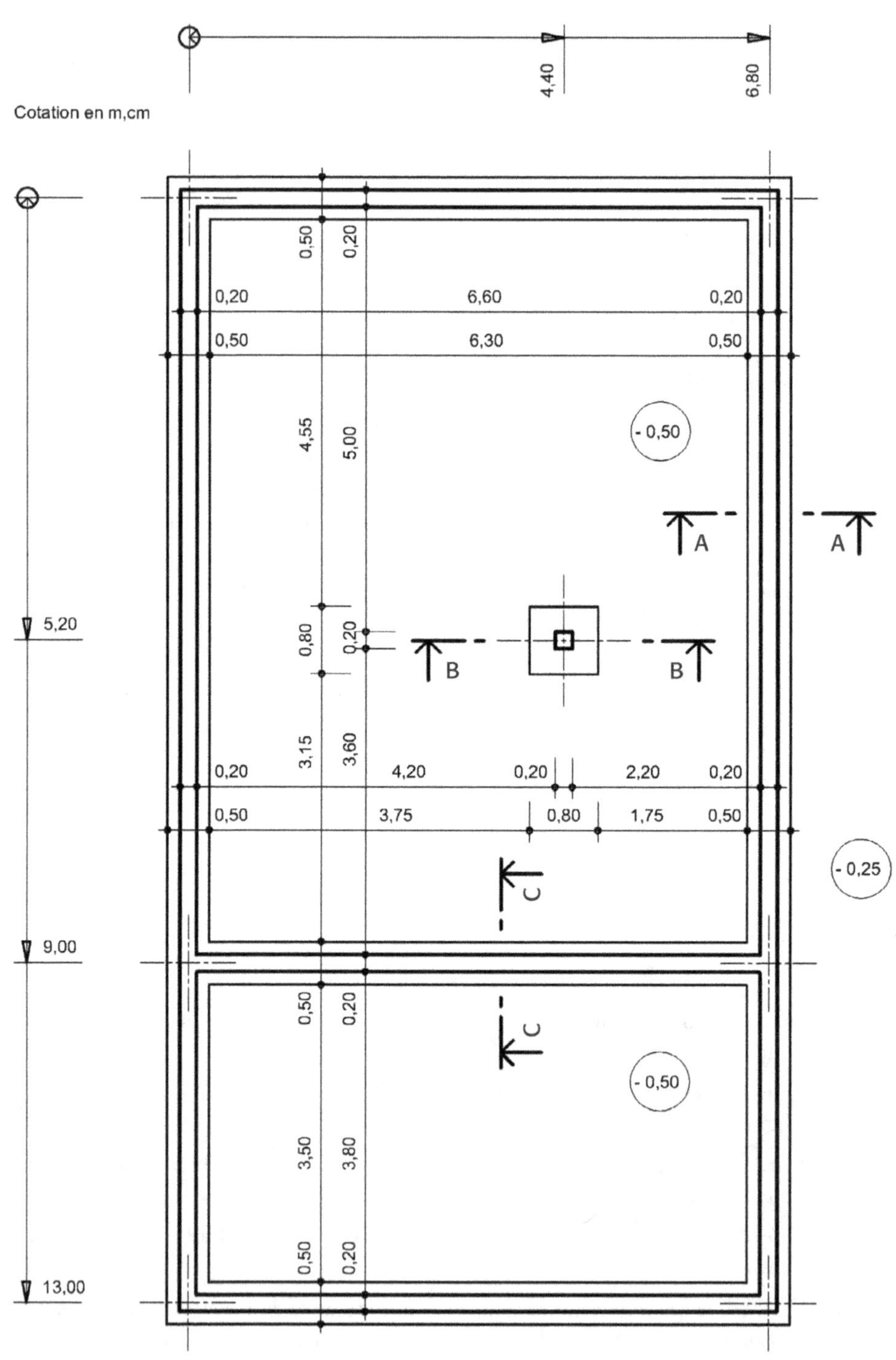

Sans échelle

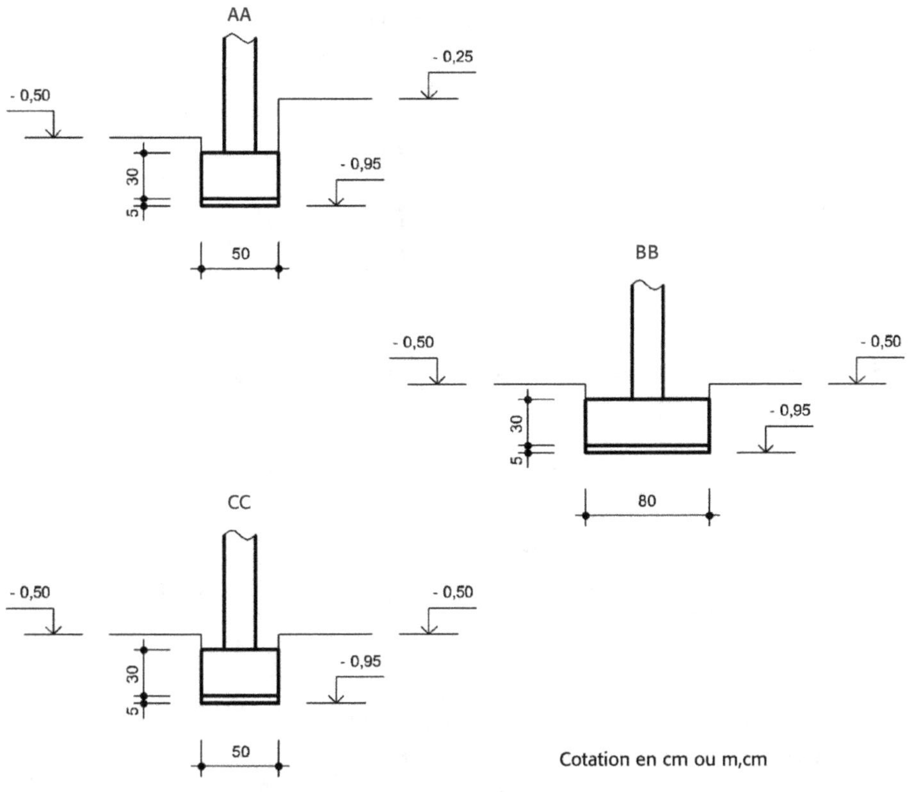

Rappel

La cote de niveau ± 0,00 correspond au niveau du sol fini du rez-de-chaussée de l'habitation.

Corrigé

1. Les sections AA et CC correspondent aux semelles filantes. On distingue :

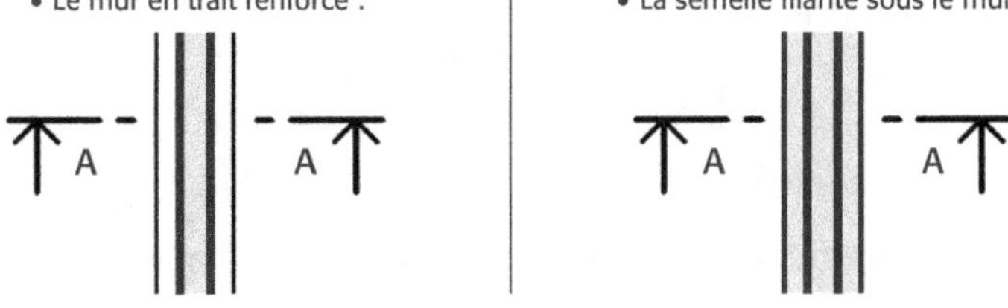

2. La largeur des semelles filantes mesure 0,50 m, soit 50 cm.

L'épaisseur des murets est de 0,20 m, soit 20 cm

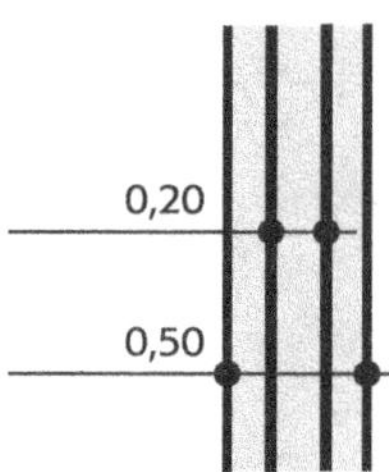

3. La section BB correspond à une semelle isolée. On distingue :

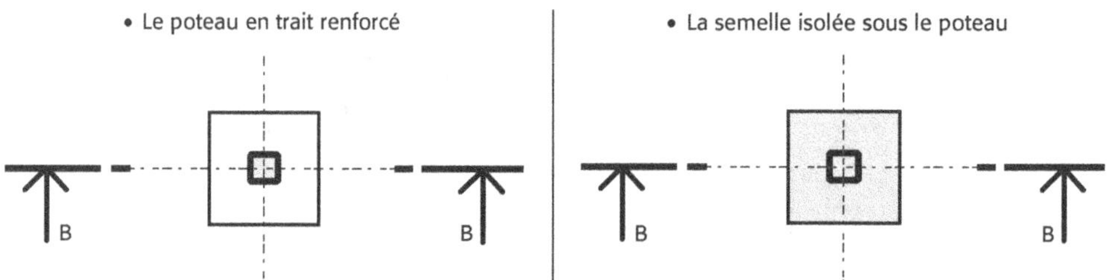

4. La semelle isolée est carrée (ce qui n'est pas toujours le cas).

Largeur et longueur mesurent 0,80 m, soit 80 cm.

La section du poteau mesure 0,20 × 0,20 m, soit 20 × 20 cm.

5. Le niveau des terrassements à l'intérieur de la construction est de – 0,50 m.

Le niveau des terrassements à l'extérieur de la construction est de – 0,25 m.

La différence de niveau est donc de 0,25 m (0,50 – 0,25 = 0,25).

6. Oui, il y a un béton de propreté sous les semelles, comme on peut le voir sur les sections. Ce béton de propreté mesure 5 cm d'épaisseur.

7. La hauteur des semelles est de 30 cm, comme on le voit sur les sections.

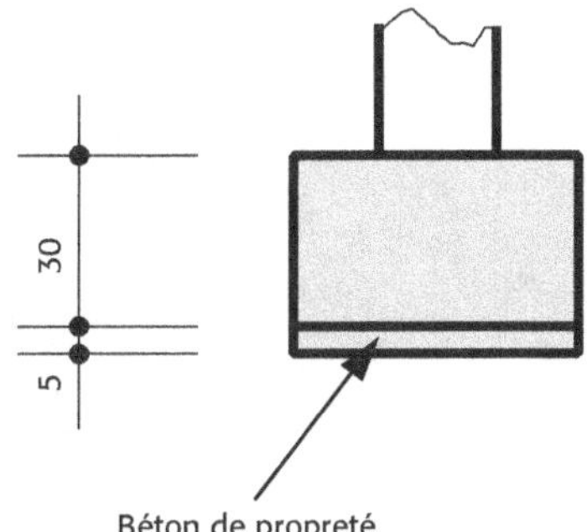

Murs et chaînages

Les parois verticales, dans leur ensemble, jouent un rôle :
- structurel : descendre les charges jusqu'aux fondations et participer à la stabilité d'ensemble de l'ouvrage ;
- acoustique : protéger des bruits extérieurs et éviter la propagation des bruits intérieurs ;
- thermique : protéger du froid l'hiver, et du chaud l'été ;
- sécuritaire : protéger les personnes en cas de :
    - séisme,
    - incendie,
    - etc.

2.1 Les murs

Les murs porteurs peuvent être réalisés en :
- maçonnerie de blocs. On dit que les blocs sont « hourdés » ;
- béton coulé dans des coffrages appelés « banches ». Les murs en béton armé coffrés ainsi sont appelés des « voiles banchés » ;
- béton coulé dans des blocs coffrants restant en place, appelés « blocs à bancher » ;
- ossature bois ;
- ossature métallique revêtue d'un bardage, par exemple.

La maçonnerie de blocs peut être réalisée de manière traditionnelle avec des joints de mortier entre blocs, d'une épaisseur de 1 cm environ, ou à l'aide de mortier-colle, ce qui permet d'avoir des joints de quelques millimètres seulement.

Il existe de nombreux types de blocs, plus ou moins performants :
- blocs béton (aussi appelés « agglos » ou « parpaings ») ;
- briques de terre cuite ;
- blocs de béton cellulaire (de couleur blanche) ;

- blocs de béton de chanvre ;
- blocs de pierre ;
- etc.

Les murs enterrés étant soumis à la poussée des terres, ils doivent être réalisés en béton armé coulé dans des banches ou des blocs à bancher. Les murs en maçonnerie de blocs ne permettent pas de reprendre correctement les efforts exercés au niveau des joints de maçonnerie.

Les murs sont par nature destinés à porter des charges réparties sur leur longueur. Par conséquent, si un effort important est appliqué en un point particulier du mur (appui de poutre, par exemple), il faut prévoir un poteau incorporé au mur (noyé dans l'épaisseur du mur). Ce poteau incorporé ne doit pas être confondu avec un chaînage vertical (voir ci-dessous), dont la fonction et la composition sont différentes.

2.2   Les chaînages

Les chaînages sont des dispositifs visant à éviter des déformations de l'ouvrage et à assurer une cohésion de l'ensemble de la construction.

Les **chaînages horizontaux (CH)** sont réalisés en continu :

- au pied du mur ou directement dans la fondation ;
- à chaque niveau de plancher ;
- au couronnement (en haut) des murs, s'il n'y a pas de dalle.

Les **chaînages verticaux (CV)** sont réalisés :

- aux intersections de murs ;
- à l'extrémité des murs libres.

Les **chaînages inclinés** sont réalisés :

- au niveau des arases rampantes (inclinées) des murs concernés, (comme les pointes de pignons, par exemple), si la différence de hauteur est supérieure à 1,50 m.

Des **raidisseurs**, similaires aux chaînages verticaux, sont parfois rajoutés lorsqu'il y a une longueur importante entre deux chaînages verticaux.

CHAPITRE 3

Dalles - Poutres - Dallage - Vide sanitaire

3.1 Dalles

Les dalles peuvent être réalisées de plusieurs manières :

- en béton armé coulé sur un coffrage provisoire ;
- en béton armé coulé sur une prédalle préfabriquée. La prédalle, fabriquée au préalable à base de béton, fait 5 à 7 cm d'épaisseur ; elle reste en place dans la dalle et participe à sa résistance globale ;
- en poutrelles et entrevous avec dalle de compression en béton armé de 4 ou 5 cm d'épaisseur, coulée par-dessus les poutrelles et entrevous ;
- en dalles alvéolées préfabriquées en usine à base de béton précontraint ;
- en béton sur bacs acier (dalle mixte) ;
- en panneaux à base de bois.

Les **dalles pleines coffrées** s'adaptent à toutes les situations et à toutes les formes. En revanche, la mise en œuvre du coffrage se traduit par des temps de construction qui peuvent être un peu longs.

Les dalles pleines coulées sur **prédalles** permettent de gagner du temps sur le chantier. Il est indispensable d'utiliser une grue pour la manipulation des prédalles.

Les **poutrelles** et **entrevous** avec dalle de compression permettent de réaliser une dalle sans utiliser de grue. Elles sont très employées pour les villas, tant que les formes restent simples, sinon il est préférable d'utiliser une dalle pleine. Pour les logements collectifs, les contraintes acoustiques font que cette solution est moins adaptée. Certains montages permettent cependant de répondre aux exigences (plafond acoustique, par exemple).

Les **dalles alvéolées** sont utilisées pour les très grandes portées ou les charges importantes : bâtiments industriels, bureaux, etc.

Les **dalles mixtes** sont essentiellement utilisées pour les bâtiments en charpente métallique, ou parfois en rénovation de planchers anciens.

Les dalles en **panneaux à base de bois** sont employées dans les constructions en bois.

> Des armatures métalliques (ferraillage) sont rajoutées au béton pour le renforcer dans certaines zones :
> - en partie basse de la dalle entre les appuis ;
> - en partie haute sur les appuis. On dit que les aciers sont en « chapeau » ;
> - en partie haute des balcons.

3.2 Poutres

Les dalles ont des dimensions limitées : leur portée (distance entre porteurs de la dalle) est de 5 à 7 mètres au maximum pour les technologies constructives les plus courantes. Au-delà de ces valeurs, il faut limiter les portées des dalles, donc prévoir des porteurs qui peuvent être :

- des murs de façades ;
- des murs de refend ;
- des poutres.

Trois matériaux peuvent être employés pour les poutres :

- le béton armé, généralement utilisé pour les structures en béton armé ou en maçonnerie ;
- le bois pour les structures à ossature bois. Les poutres rapprochées (espacement de 40 à 60 cm) qui supportent un plancher en bois sont appelées « solives » ;
- l'acier pour les constructions en charpente métallique.

Lorsqu'il s'agit de bois ou de métal, les poutres sont généralement sous la dalle. Lorsqu'elles sont en béton armé, les poutres peuvent être de différents types (dans les schémas ci-dessous, en coupe verticale, les poutres sont représentées en gris).

Poutre avec retombée

Comme on le voit sur la coupe ci-dessous, la poutre n'est pas seulement la retombée, mais aussi la partie noyée dans la dalle.

Attention

Ces poutres sont uniquement repérées sur les plans par leur numéro, et jamais par la lettre P, qui signifie « poteau » !

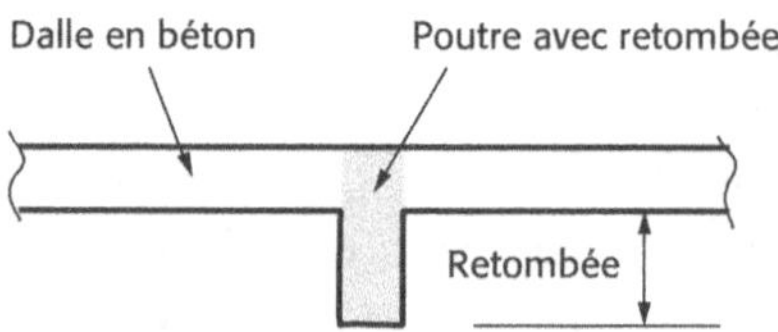

Poutre retroussée (PR)

La poutre dépasse au-dessus de la dalle. Il ne faut donc pas avoir besoin de circuler sur la dalle.

En particulier utilisée en toiture-terrasse ou en comble non aménagé.

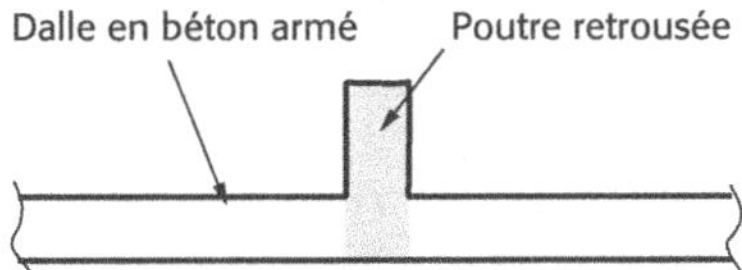

Bande noyée (BN)

La poutre est intégralement noyée dans l'épaisseur de la dalle.

La poutre étant de faible hauteur, elle est donc peu efficace. Pour l'améliorer, on augmente la largeur de la bande noyée.

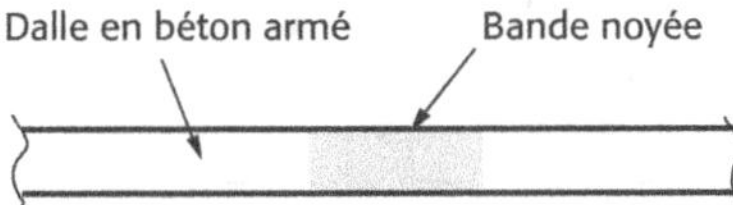

Poutre voile (PV)

Il arrive parfois qu'un mur en béton armé (appelé « voile ») ne puisse être porté par un autre mur en dessous. Dans ce cas, il faut prévoir une poutre.

On peut alors envisager une poutre particulière : c'est le mur lui-même qui va servir de poutre, avec le ferraillage spécifique nécessaire.

Cela n'est pas possible s'il y a une baie dans le mur.

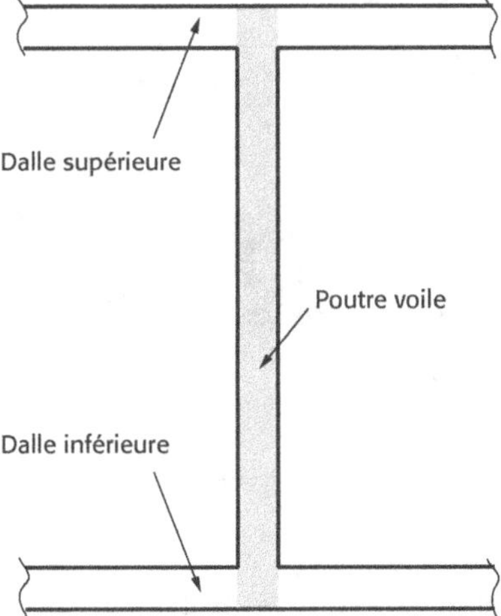

Poutre allège

Dans le cas où une poutre voile ne serait pas réalisable à cause d'une baie dans le mur, il reste envisageable de faire une poutre allège.

La hauteur est moindre, mais cela reste très efficace.

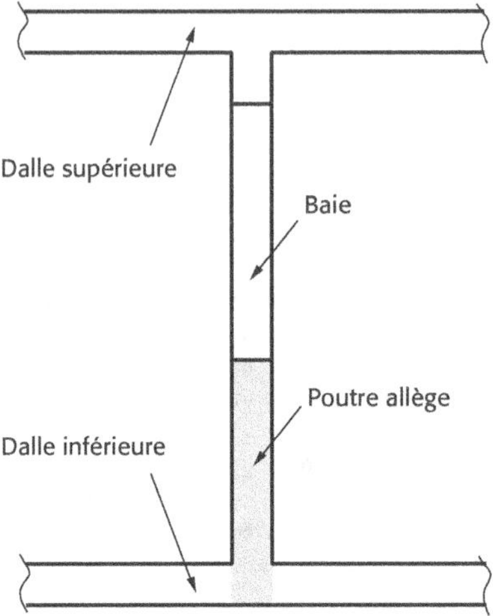

3.3   Dallage

Il ne s'agit pas d'une dalle à proprement parler, puisque cet ouvrage repose sur le sol ; on parle de « dallage sur terre-plein ». Un dallage comporte plusieurs parties :

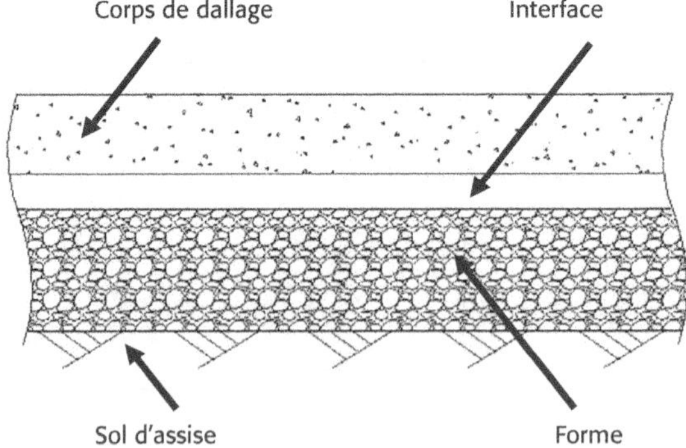

Corps de dallage

Réalisé en béton, il fait au minimum 12 cm pour les maisons individuelles, 13 cm pour les autres constructions soumises à des charges moyennes (les logements, par exemple) ou 15 cm si les charges sont élevées.

Interface

Elle est constituée d'une fine couche de sable de deux centimètres minimum, ou d'un isolant incompressible.

Forme

Une forme, c'est une couche de remblai, nivelée (mise à niveau), en tout-venant ou en granulats adaptés. La « forme » doit, en particulier, bloquer les éventuelles remontées de l'eau contenue dans le sol d'assise, par capillarité entre les grains du matériau de forme.

Terre-plein

C'est la plate-forme de terre nivelée constituant l'assise d'une construction. Il s'agit donc de la surface supérieure du sol d'assise.

Les dallages sont réalisés directement sur le sol d'assise, sans mettre en œuvre de coffrage : c'est donc une solution économique. Néanmoins, un dallage n'est pas adapté à toutes les situations :

- si le sol d'assise est compressible ;
- si le sol d'assise est sensible à la présence d'eau (sols argileux, en particulier) ;
- si le terrain comporte des remblais ;
- si le terrain est inondable (crues de rivière, etc.) ;
- si le terrain contient du radon ;
- etc.

Dans ces cas-là, selon le problème rencontré, il faut prévoir :

- soit un radier (voir chapitre « Fondations et terrassements ») ;
- soit une dalle sur vide sanitaire (voir ci-dessous).

3.4 Dalle sur vide sanitaire

Dans certains cas, il est préférable, voire indispensable, de construire une dalle sur vide sanitaire (VS) : un vide est ménagé entre le sol et la dalle. Cette dalle est alors construite de manière classique (voir début de ce chapitre), si ce n'est qu'il faut prévoir d'isoler sous les zones chauffées.

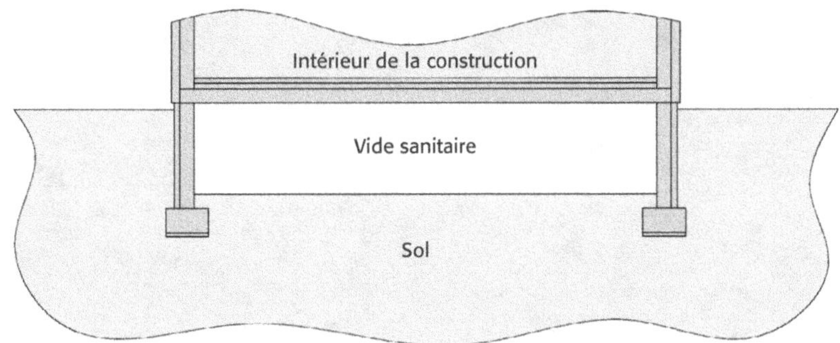

Le vide sanitaire doit être ventilé. Sa hauteur sera au minimum de 1,30 m si on veut y accéder pour installer et entretenir les réseaux d'alimentation et d'évacuation.

CHAPITRE 4

Menuiseries extérieures

Les menuiseries extérieures sont des ouvrages réalisés et posés par le corps d'état « Menuiseries extérieures ». On y trouve principalement :

- les fenêtres ;
- les portes-fenêtres ;
- les châssis fixes ;
- les portes d'entrée ;
- et parfois les portes palières (pour les appartements).

Chaque menuiserie est constituée de deux parties :

- un dormant fixé au mur ;
- un ou plusieurs vantaux fixe(s) ou ouvrant(s). Chaque vantail reçoit un vitrage double ou triple, s'il s'agit d'une fenêtre, d'une porte-fenêtre ou d'un chassis fixe.

De nos jours, le bois n'est plus le seul matériau utilisé pour réaliser les dormants et ouvrants. Ceux-ci peuvent être en :

- PVC (matériau plastique) ;
- aluminium ;
- bois de différentes essences : exotiques, résineux etc. ;
- mixte : aluminium/bois.

4.1   Représentation en vue de façade

Lors de la lecture des plans, il est indispensable de bien faire la différence entre les différents types de menuiseries extérieures, et de bien en repérer le mode d'ouverture.

Le sens d'ouverture de chaque vantail est fréquemment indiqué par un triangle :

- la base du triangle sur dormant indique l'axe de rotation ;
- le sommet du triangle sur le dormant opposé indique la position de la poignée.

Une flèche indique s'il s'agit d'une fenêtre ou d'une porte-fenêtre coulissante et donne le sens de l'ouverture.

Le tableau ci-dessous vous donne les représentations des modes d'ouverture les plus courants.

Nota

En représentation de façade des menuiseries extérieures, un trait continu fin indique un sens d'ouverture vers l'intérieur, un trait interrompu fin un sens d'ouverture vers l'extérieur.

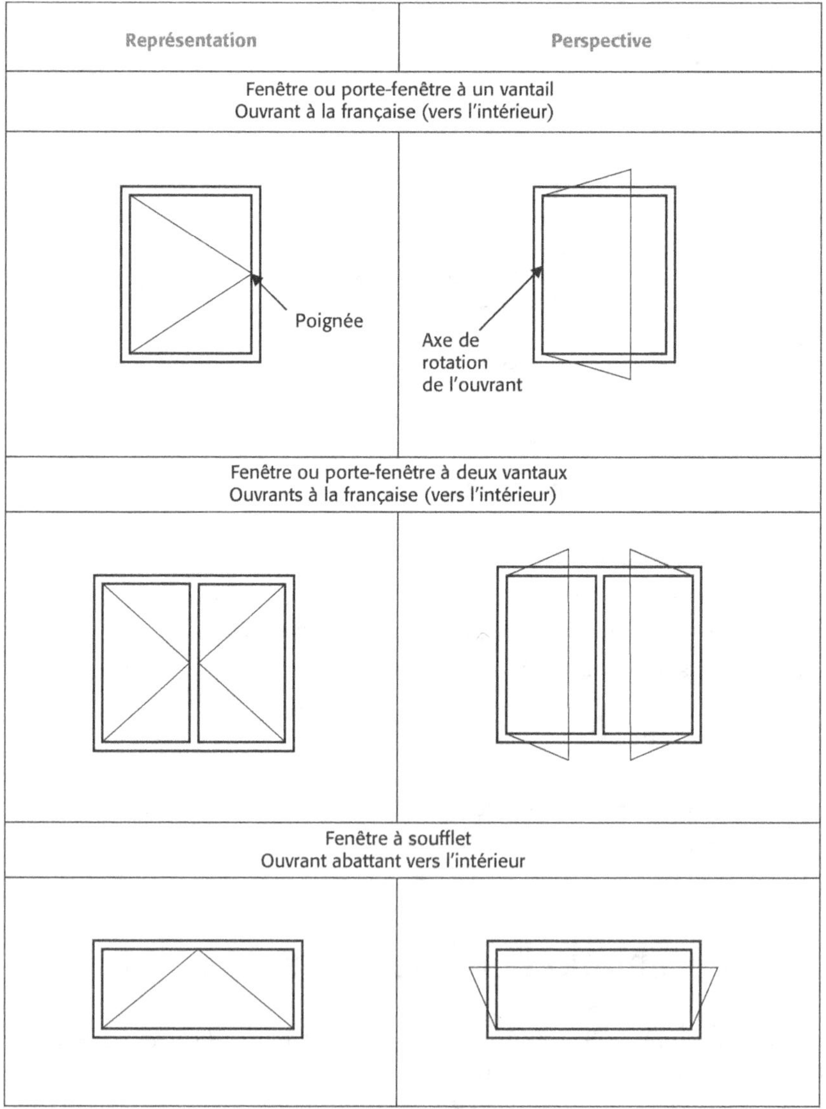

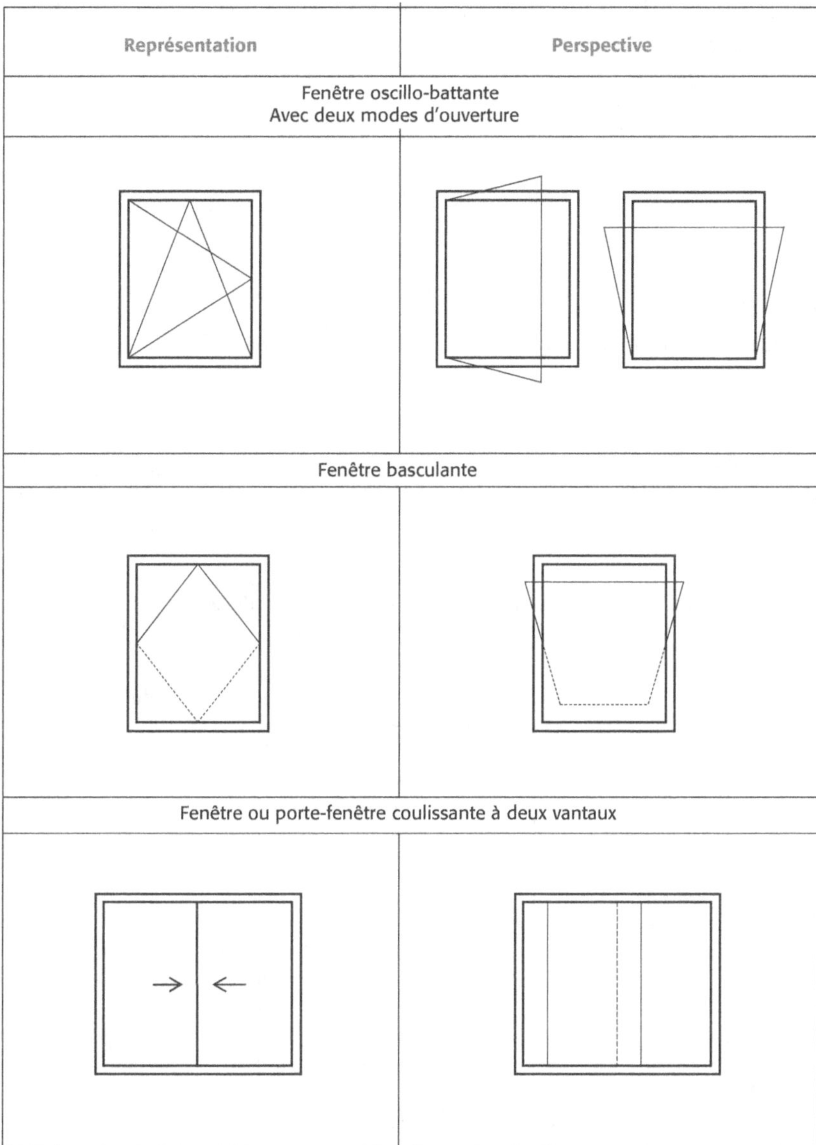

4.2   Représentation en plan et en coupe

Il est essentiel de représenter les menuiseries extérieures sur les vues en plan et sur les coupes verticales, ainsi que leurs sens et mode d'ouverture. En effet, elles figurent les possibilités de circulation entre l'intérieur et l'extérieur (portes et portes-fenêtres) et l'éclairement naturel d'un local (fenêtres et portes-fenêtres).

Leur représentation est donc codifiée, même si certains dessinateurs prennent des libertés.

Voici la représentation d'une fenêtre et d'une porte-fenêtre, à deux ouvrants à la française en coupe horizontale.

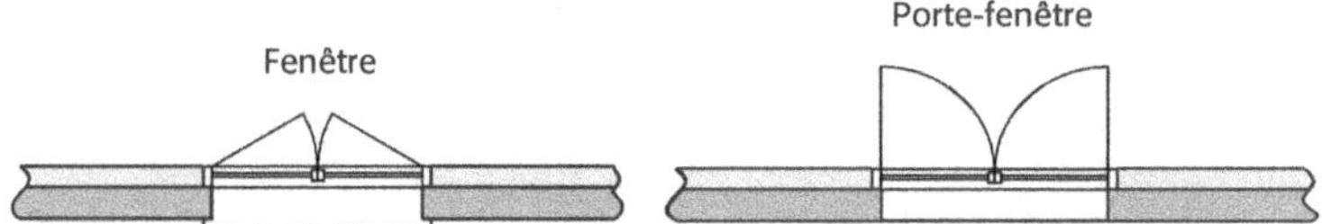

Nota

Dans les deux schémas ci-dessus, l'isolant thermique (cloison de doublage) est situé du côté intérieur du mur.

La représentation d'une fenêtre en coupe verticale figure ci-dessous.

La hauteur de fenêtre cotée correspond à la hauteur de la baie. Il est important de définir la hauteur d'allège.

Nota

Le niveau de détail de la représentation dépend de l'échelle du dessin.

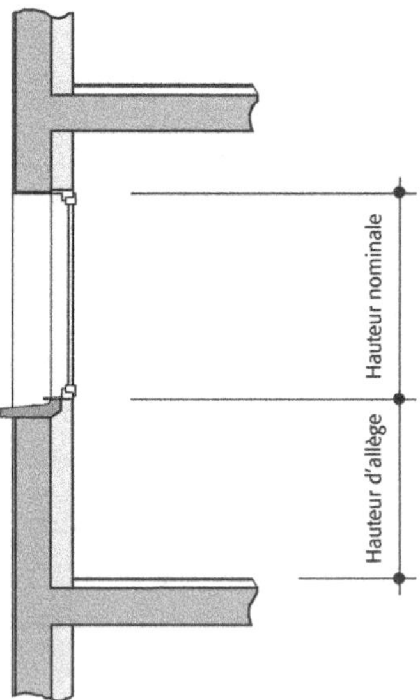

Hauteur d'allège

Par souci d'esthétique, les linteaux des baies (fenêtres, portes-fenêtres et portes) sont alignés. Les baies étant de hauteurs différentes, la hauteur d'allège (partie du mur au-dessous des fenêtres) varie et doit être calculée.

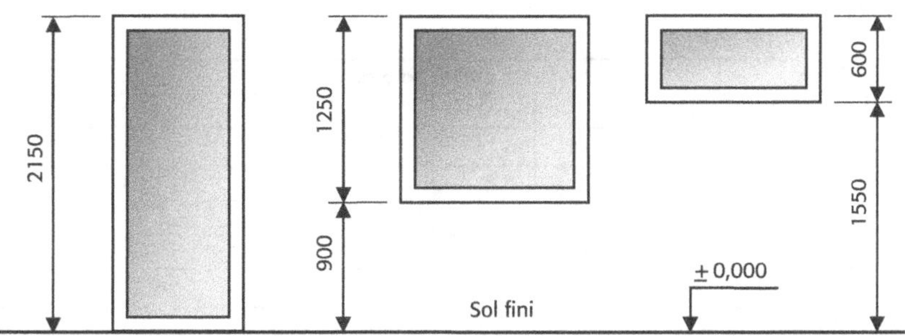

Vue de l'intérieur en élévation (exemple)

Hauteur de fenêtre :
- à gauche : 1 250 mm ;
- à droite : 600 mm.

Hauteur d'allège sous fenêtre de gauche : 2 150 − 1 250 = 900 mm.

Hauteur d'allège sous fenêtre de droite : 2 150 − 600 = 1 550 mm.

4.3 Dimensions nominales des fenêtres et portes-fenêtres

Les fenêtres et portes-fenêtres sont de dimensions libres, il n'existe pas de normalisation. Cependant, des dimensions standardisées, associées à un nombre déterminé de vantaux, ont été mises au point afin :
- d'aider les concepteurs de projets ;
- de faciliter l'industrialisation de la fabrication des menuiseries extérieures, et donc d'en diminuer les coûts.

Focus

On appelle ces dimensions standardisées « la largeur et la hauteur nominales ». Ce sont la largeur et la hauteur des ouvertures laissées libres dans les murs finis.

Les tableaux ci-dessous donnent les principales dimensions standardisées. Les chiffres 1, 2, 3 ou 4 indiquent le nombre maximal de vantaux. Une cellule grisée signifie que les dimensions sont peu utilisées.

Fenêtres

	Largeur nominale en mm								
	400	600	800	900	1 000	1 100	1 200	1 300	1 400
450	1	1	1						
600	1	1	2	2	2	2	2	2	2
750	1	1	2	2	2	2	2	2	2
950	1	1	2	2	2	2	2	2	2
1 050		1	2	2	2	2	2	2	2
1 150		1	2	2	2	2	2	2	2
1 250		1	2	2	2	2	2	2	2
1 350		1	2	2	2	2	2	2	2
1 450		1	2	2	2	2	2	2	2
1 550			2	2	2	2	2	2	2
1 650			2	2	2	2	2	2	2
1 750			2	2	2	2	2	2	2
1 800			2	2	2	2	2	2	2
1 900			2	2	2	2	2	2	2
2 050			2	2	2	2	2	2	2
2 100			2	2	2	2	2	2	2
2 200			2	2	2	2	2	2	2
2 300			2	2	2	2	2	2	2

(Première colonne de gauche : Hauteur nominale en mm)

Nota

Dans une cuisine, il faut faire attention à ce que le vantail d'une fenêtre ouvrant à la française passe bien au-dessus du robinet de l'évier. Ces fenêtres sont donc de hauteur moindre que les autres fenêtres : par exemple, 1 050 mm.

Vantaux fixes

(Également appelés « châssis fixes » dans les documents commerciaux.)

	Largeur nominale en mm				
	400	500	600	700	800
450	1	1	1	1	1
600	1	1	1	1	1
750	1	1	1	1	1
800	1	1	1	1	1
1 000	1	1	1	1	1
1 050	1	1	1	1	1
1 150	1	1	1	1	1
1 200	1	1	1	1	1
1 250	1	1	1	1	1
1 350	1	1	1	1	1
1 400	1	1	1	1	1
1 450	1	1	1	1	1
1 500	1	1	1	1	1
1 550	1	1	1	1	1

(Première colonne de gauche : Hauteur nominale en mm)

Portes-fenêtres ouvrant à la française

		Largeur nominale en mm								
		800	900	1 000	1 200	1 400	1 500	1 800	2 100	2 400
Hauteur nominale en mm	1 950	1	1	2	2	2	2			
	2 050	1	1	2	2	2	2			
	2 150	1	1	2	2	2	2	3	3	4
	2 250	1	1	2	2	2	2			

Nota

Les hauteurs de portes-fenêtres les plus courantes sont d'abord 2 150 mm, puis 2 250 mm.

Portes-fenêtres ouvrantes coulissantes

(Également appelées « baies coulissantes ».)

		Largeur nominale en mm		
		1 800	2 100	2 400
Hauteur nominale en mm	2 050	2		
	2 150	2	2 ou 3	2 à 4

4.4   Impostes en vues en façade

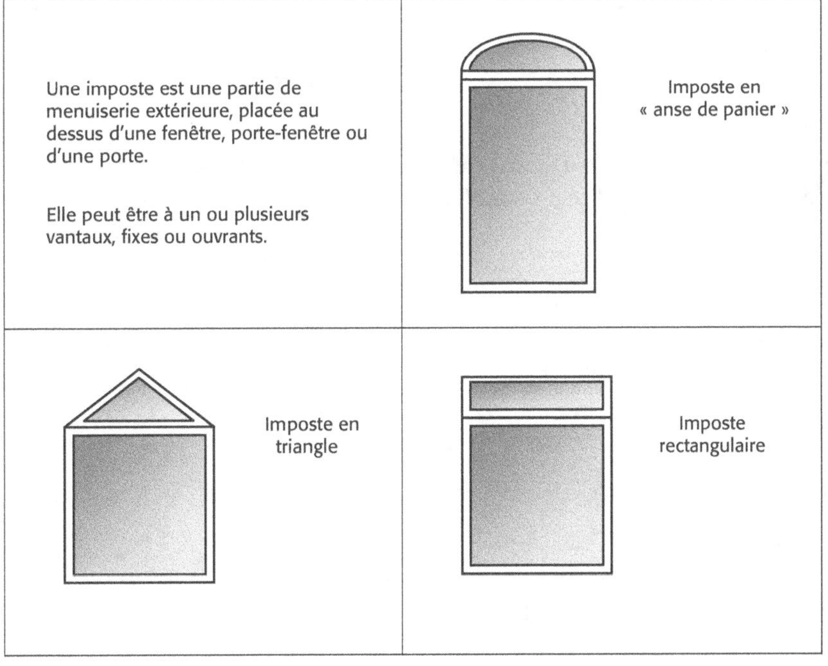

4.5   Portes d'entrée et portes palières

Principales dimensions nominales

		Largeur nominale en mm			
		800	900	1 200	1 300
Hauteur nominale en mm	2 000	1	1	tiercée	tiercée
	2 150	1	1	tiercée	tiercée
	2 250	1	1	tiercée	tiercée

Nota

Les portes d'entrée des appartements s'appellent des « portes palières ». Elles sont fréquemment attribuées au lot « Menuiseries intérieures ».

Formes usuelles

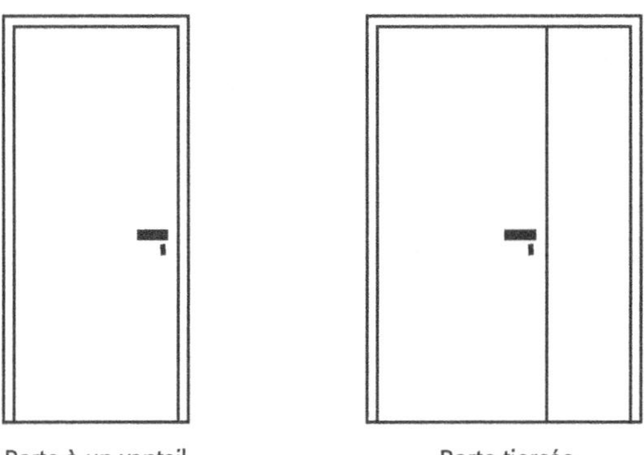

Porte à un vantail   Porte tiercée

La porte tiercée possède un vantail « normal » ouvrant à la française et un vantail de dimensions réduites, qui peut être fixe ou semi-fixe.

Exemple

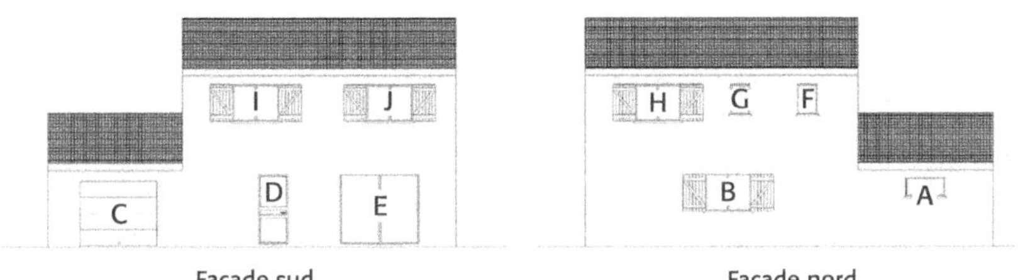

Façade sud   Façade nord

Dimensions des menuiseries : largeur × hauteur

A	1 200 × 600	Fenêtre vantail abattant
B H I J	1 300 × 1 050	Fenêtres à 2 vantaux
D	900 × 2 150	Porte d'entrée
F G	600 × 950	Fenêtres à 1 vantail (châssis)
E	2 400 × 2 150	Porte-fenêtre coulissante

Nota

C, représentant une porte de garage (2 400 × 2 000), est hors étude.

Application

Énoncé

Voici une vue en plan (sans échelle) d'une partie du 3e étage d'un immeuble d'habitation, sur laquelle nous étudions l'appartement **301 seulement**.

1. Désignez chaque menuiserie extérieure ou porte palière par une des lettres suivantes :

   F pour une fenêtre

   PF pour une porte-fenêtre

   PP pour une porte palière (porte d'entrée de l'appartement).

2. Les fenêtres et portes-fenêtres semblent-elles ouvrantes à la française, basculantes, coulissantes, oscillo-battantes ? Combien ont-elles de vantaux ?

3. Sachant que la hauteur des fenêtres de chambre mesure fréquemment entre 1 150 et 1 450 mm, peut-il ici s'agir, pour les chambres 1 et 2, de fenêtres standardisées dont la largeur nominale serait comprise entre 800 et 1 400 mm ?

3ᵉ étage

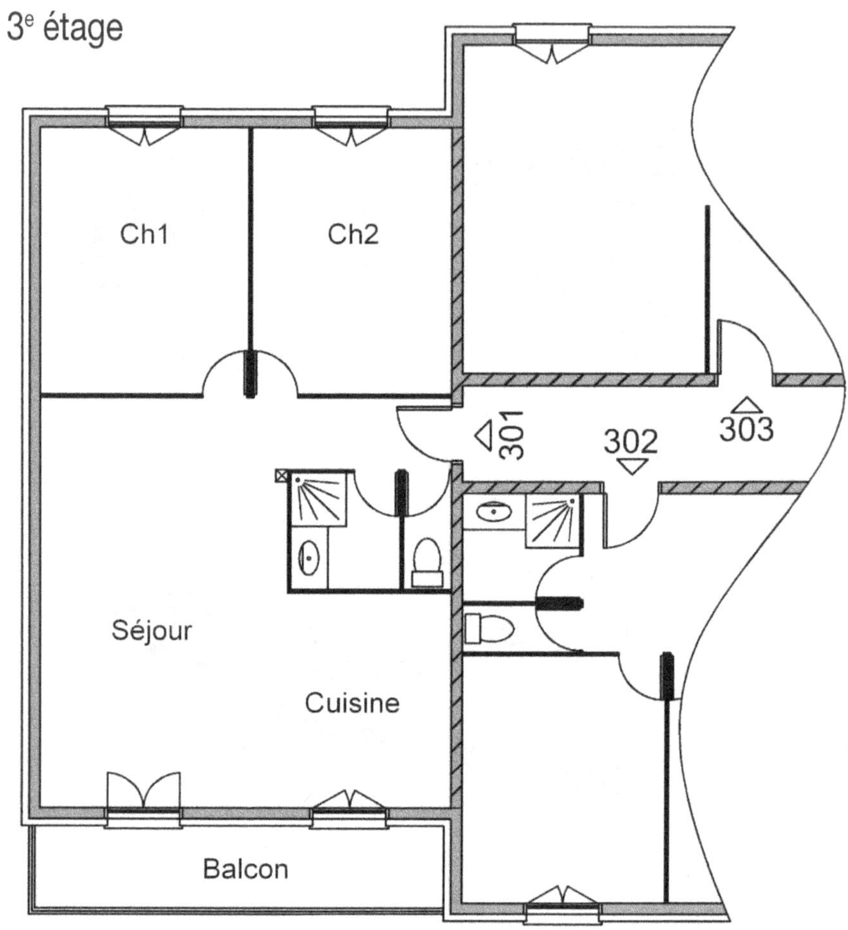

Corrigé

1. Désignation des menuiseries extérieures :

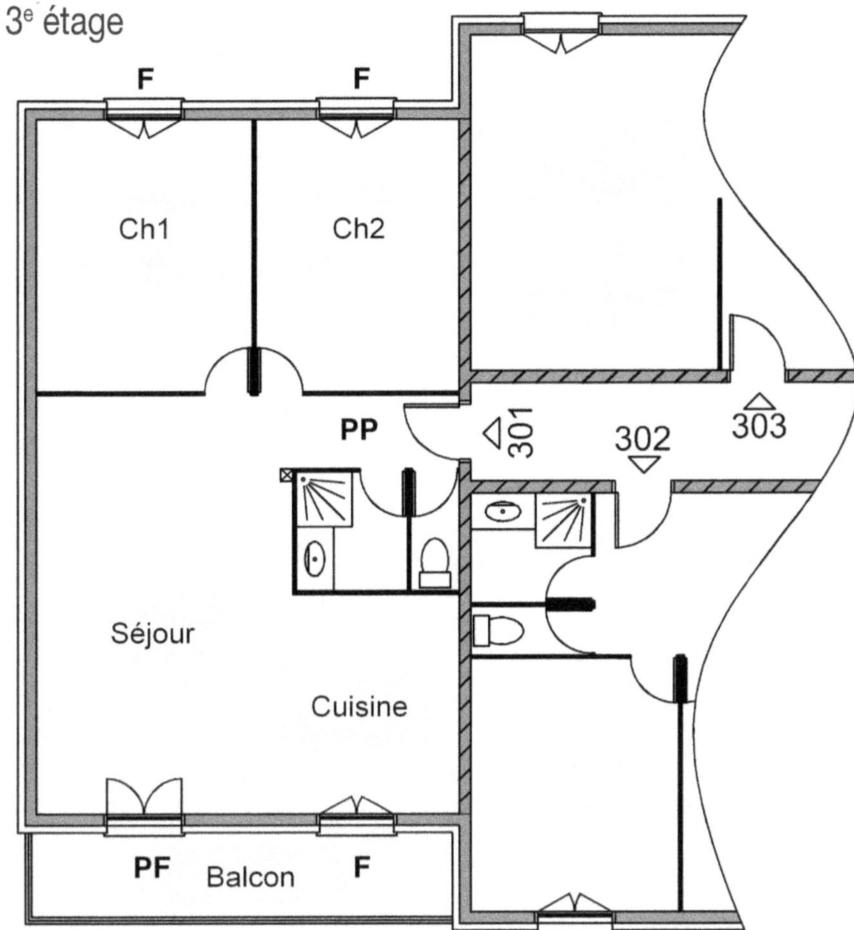

2. Les fenêtres et portes-fenêtres sont ouvrantes à la française (vers l'intérieur), à deux vantaux.

3. Oui, les fenêtres des chambres peuvent mesurer entre 800 et 1 400 mm de large.

En effet, pour des hauteurs nominales comprises entre 1 150 à 1 450 mm, toutes les fenêtres de largeurs nominales comprises entre 800 et 1 400 mm possèdent deux vantaux, comme représenté sur la vue en plan.

CHAPITRE 5

Menuiseries intérieures

Le corps d'état des menuiseries intérieures comporte les travaux portant sur :

- les portes intérieures de communication entre pièces ;
- les portes de placard et les aménagements de placard ;
- les aménagements fixes (« meubles » restant en place) et plans de travail ;
- les escaliers en bois ou bois/métal ;
- les revêtements de sol en bois (parquets) ;
- les boîtes à lettres intérieures d'immeuble.

Dans le cadre de ce chapitre, nous allons fournir des informations essentielles sur les portes intérieures et quelques aménagements fixes.

5.1   Terminologie des portes intérieures

Huisserie : Cadre immobile, fixé à la cloison ou au mur intérieur. Les huisseries intérieures sont fréquemment en bois ou à base de bois, mais elles peuvent aussi être métalliques.

Porte : Partie mobile qui permet de fermer le passage ou, au contraire, de le laisser libre. On peut aussi employer le terme « vantail ».

Paumelle : « Charnière » constituant l'axe de rotation de la porte.

Bloc-porte : Ensemble composé de l'huisserie, des paumelles et de la porte (voir exemple ci-dessous).

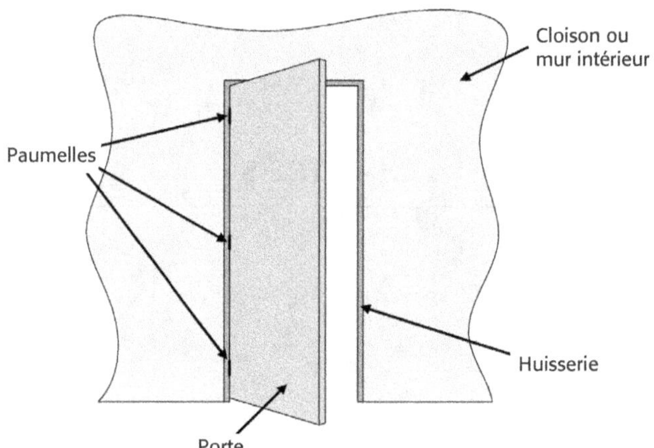

Les trois principaux modes d'ouverture des portes sont :

- **porte battante** (ou **ouvrante**) : rotation selon l'axe de rotation des paumelles ;
- **porte coulissante** : déplacement horizontal de la porte devant la cloison (ou le mur). La porte est suspendue à un rail plus ou moins visible ;
- **porte coulissante à galandage** : déplacement horizontal de la porte à l'intérieur de la cloison. L'ossature spécifique est alors cachée dans la cloison.

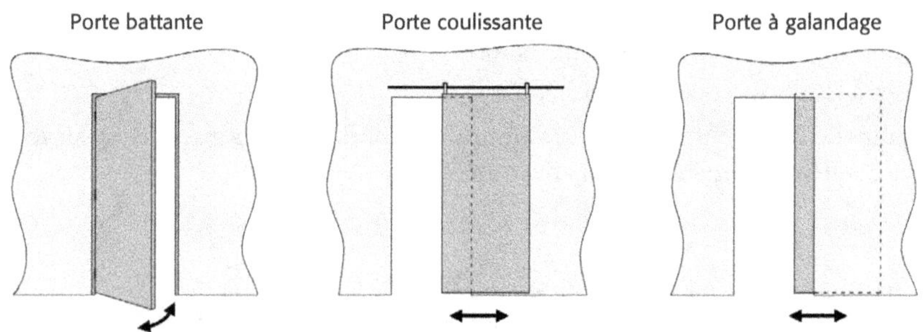

Nota

Les poignées et les serrures ne sont pas représentées.

Une porte peut être constituée d'un ou de plusieurs vantaux.

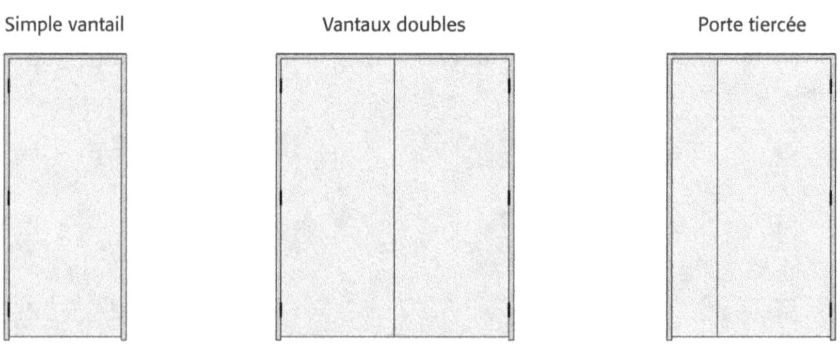

Dans le cas d'une porte à doubles vantaux, ceux-ci font la même largeur.

Dans le cas d'une porte tiercée, il y a un vantail normal (dans l'exemple ci-dessus, à droite) et un autre vantail étroit qui reste souvent fermé, sauf lorsqu'un passage plus grand est nécessaire (on parle alors de « vantail semi-fixe »).

Porte de communication : C'est une porte située entre deux pièces d'un même logement. On parle aussi de « porte de distribution » ou « de séparation ».

Porte palière : C'est une porte qui isole un logement individuel (un appartement) des parties communes d'un immeuble d'habitat collectif (couloir commun, palier, etc.). Elle a un rôle thermique, acoustique et de protection, en particulier anti-effraction. Au vu de ces particularités, elle est parfois mise en œuvre par le lot « Menuiseries extérieures ».

Porte isotherme : Il s'agit d'une porte isolante thermiquement.

Porte coupe-feu : C'est une porte qui permet d'éviter la propagation d'un incendie pendant un certain temps. On lui ajoute en général un « D.A.S. » (Dispositif Actionné de Sécurité). Un bloc-porte D.A.S. est habituellement maintenu ouvert, mais se ferme automatiquement en cas de détection d'un incendie.

Huisserie à bancher : Dans certains cas, une huisserie métallique est placée entre les deux faces du coffrage (les banches) d'un mur en béton, avant que celui-ci ne soit coulé. Le parfait ajustement entre banches et huisserie permet d'éviter que du béton ne se mette à l'intérieur de l'huisserie. Celle-ci se retrouve donc finalement bloquée dans le mur en béton. Ce type d'huisserie est, en particulier, employé pour les portes palières.

Quincaillerie : Ensemble des pièces accessoires : poignée, serrure et cylindre, ferme-porte, butées, etc.

Imposte : Partie menuisée, fixe ou mobile, située au-dessus d'une ouverture de porte. Par extension, l'imposte peut aussi désigner la partie de cloison ou de mur située au-dessus du bloc-porte.

Oculus : Son sens étymologique signifie « œil ». Un oculus est donc à l'origine une partie vitrée circulaire au sein d'une porte. Par extension, les oculus peuvent aussi avoir d'autres formes.

Détalonnage : Il consiste à ménager un vide entre une porte et le sol afin de permettre une bonne circulation de l'air dans les pièces ventilées.

Porte pleine : Une porte est dite « pleine » lorsqu'elle est opaque sur toute sa surface. Elle est notée « PP ».

Porte vitrée : Une porte est dite « vitrée » lorsqu'elle est partiellement ou totalement vitrée. Elle est notée « PV ».

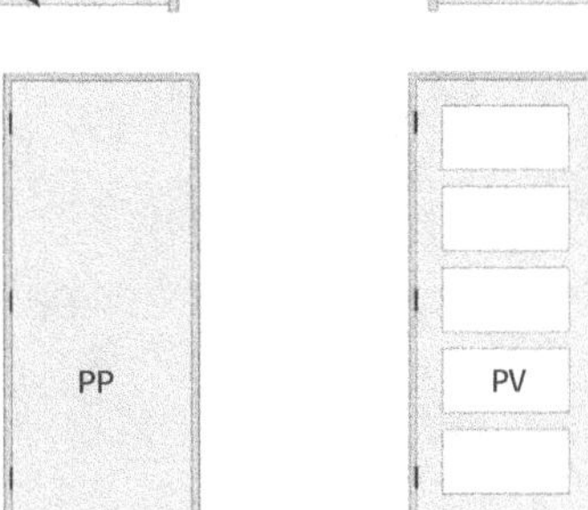

Relief de porte : Il en existe de différents types. Une porte peut être :

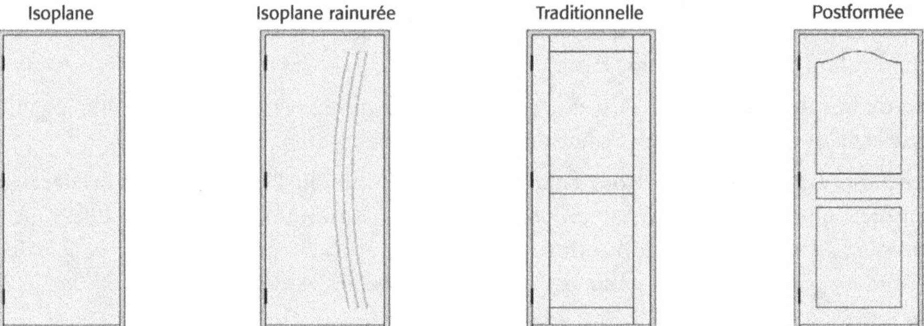

5.2 Représentation en plan et en coupe des portes intérieures

La représentation en plan couramment utilisée pour une porte battante est la suivante :

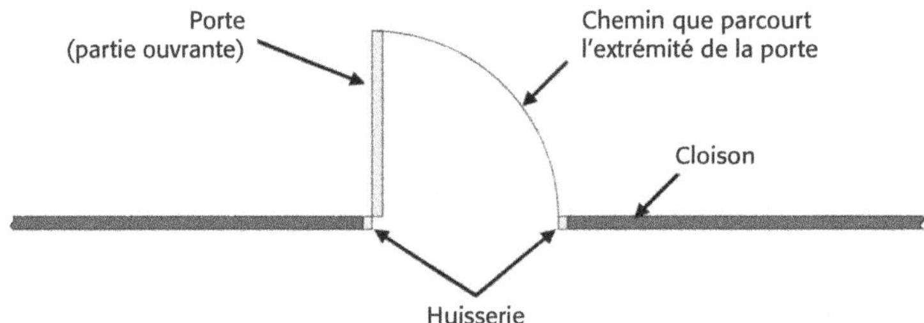

Voici la représentation en coupe verticale (1) et en vue de face (2) d'une porte battante :

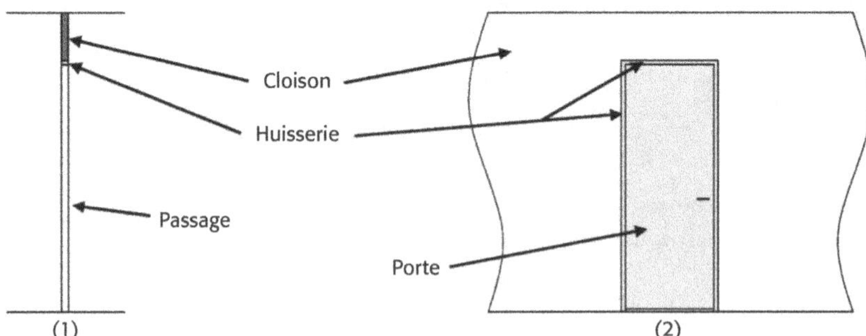

Voici les représentations en plan pour d'autres modes d'ouverture :

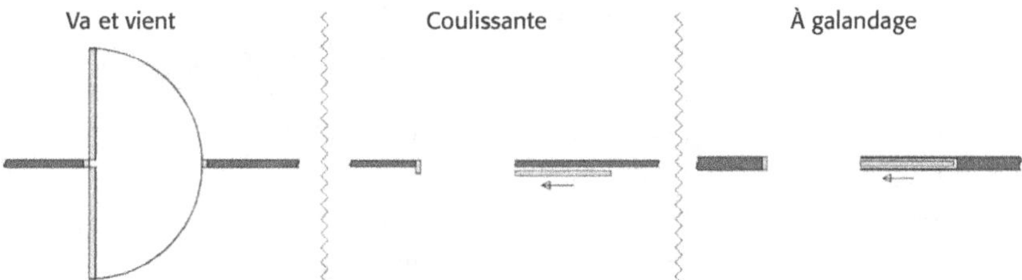

5.3 Dimensions nominales des portes et dimensions réelles

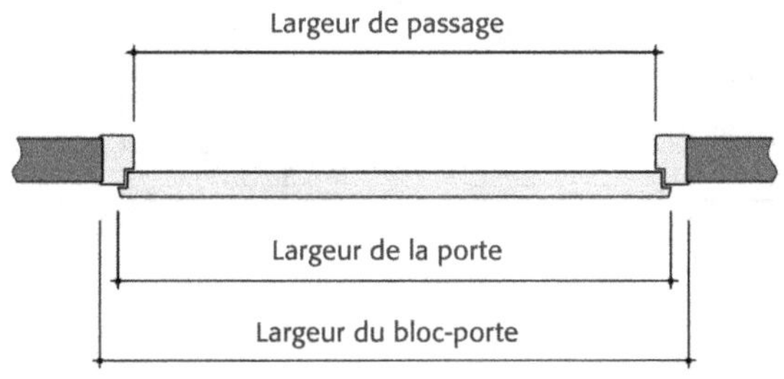

Coupe horizontale sur cloison et bloc-porte

Dimensions nominales

Les dimensions nominales sont celles qui correspondent à la porte, et non pas au bloc- porte. Ainsi, lorsqu'on parle d'une porte 83 × 204, cela signifie que la porte (la partie mobile) mesure :

- 83 cm de largeur ;
- 204 cm de hauteur.

Dimensions du bloc-porte

La largeur du bloc-porte est communément prise comme étant égale à celle de la porte augmentée de 3,5 cm pour chacun des deux montants :

Largeur du bloc-porte = largeur de porte + 2 montants × 3,5 cm par montant.

Exemple : Pour une porte de 83 cm, la largeur du bloc-porte mesure 90 cm.

Concernant la hauteur d'un bloc-porte, elle est communément prise égale à 210 cm, ce qui comprend :

- le vide sous porte pour la circulation d'air (détalonnage) ;
- la hauteur de la porte : 204 cm ;
- la traverse horizontale du haut de l'huisserie.

Largeur de passage

Attention, même s'il est indiqué que la porte fait 83 cm, cela ne veut pas dire que le passage libre est de 83 cm. En effet, dans le cas courant d'une porte à recouvrement, la porte fermée se loge dans une découpe ménagée dans l'huisserie (surlignée en noir sur cette coupe horizontale).

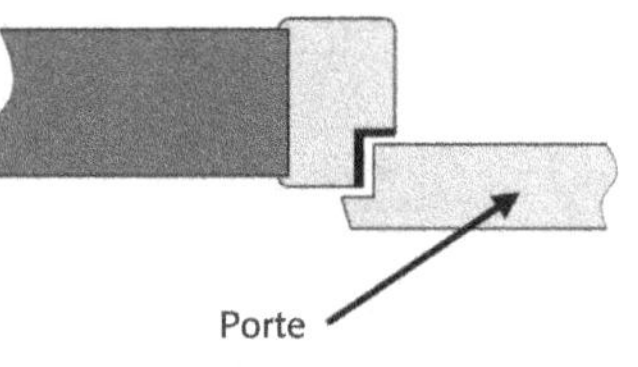

Le passage libre entre les montants de l'huisserie est alors moins important que la largeur de la porte. Par conséquent, la largeur de passage fait 3 cm de moins que la largeur de la porte.

Largeur de passage = largeur de porte − 2 découpes × 1,5 cm par découpe.

Quelques exemples

Dimensions nominales	73 × 204 cm	83 × 204 cm	93 × 204 cm
Largeur de la porte	73 cm	83 cm	93 cm
Hauteur de la porte	204 cm	204 cm	204 cm
Largeur du bloc-porte	80 cm	90 cm	100 cm
Hauteur du bloc-porte	210 cm	210 cm	210 cm
Largeur de passage	70 cm	80 cm	90 cm

5.4 Placards

Sur les vues en plan, les placards sont fréquemment représentés sous l'une des formes suivantes :

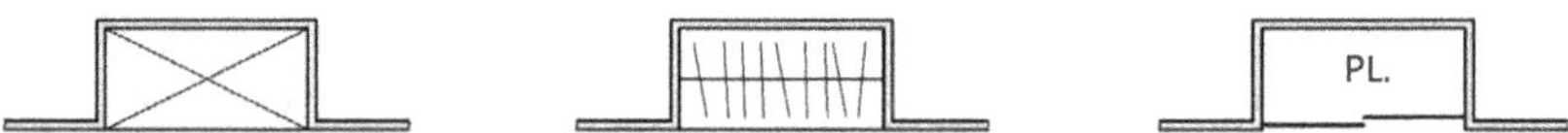

La profondeur d'un placard est fréquemment de 60 cm.

Les largeurs les plus courantes sont : 120, 150 ou 180 cm.

Un grand nombre de portes de placard sont conçues pour une hauteur de 2,50 m, ce qui correspond à la distance sol/plafond couramment utilisée.

5.5 Aménagements fixes de cuisine

Les meubles de cuisine mis en place dans les cuisines aménagées sont la plupart du temps immobiles, fixés au plan de travail ou au mur.

La hauteur des plans de travail peut mesurer :

- 85 à 87 cm : hauteur des cuisinières ;
- 90 à 92 cm : hauteur d'utilisation assez confortable. Elle est souvent privilégiée, car elle est compatible avec un grand nombre de meubles proposés ;
- 95 à 97 cm : hauteur d'utilisation confortable. Elle nécessite des meubles d'une hauteur spécifique.

Lorsqu'il est carrelé, un plan de travail est aussi appelé « paillasse ».

Les plateaux de bar (ou plateaux de snack) sont généralement fixés entre 1,10 m et 1,20 m.

La partie supérieure des meubles colonnes ou des meubles fixés en hauteur se situe généralement à 215-217 cm au-dessus du sol fini.

Nota

Il est important de retenir qu'il y a un revêtement de sol (carrelage et plinthes) sous les meubles de cuisine, même si ce revêtement de sol n'est pas visible.

CHAPITRE 6

Isolation et plâtrerie

L'isolation doit être choisie d'après plusieurs critères :
- le confort thermique en hiver ;
- le confort thermique en été ;
- le confort acoustique.

Les solutions sont très nombreuses. Nous allons présenter dans ce chapitre les principales.

> **Focus**
>
> Le lot « Isolation-plâtrerie » est chargé de réaliser les travaux de :
> – cloisonnement ;
> – isolation par l'intérieur des murs et plafonds.
>
> Si l'isolation est réalisée par un autre procédé, elle ne dépend pas de ce lot.

6.1 L'isolation des murs

Il existe différents systèmes d'isolation des murs.
- **L'isolation thermique par l'intérieur (ITI)**. Elle peut être constituée :
    - d'un complexe de doublage isolant collé au mur. Le complexe est un ensemble isolant/plâtre monobloc ;
    - d'un isolant mis en œuvre entre le mur porteur et des plaques de plâtre fixées sur une ossature qui est généralement métallique ;
    - d'un isolant mis en œuvre entre le mur porteur et une contre-cloison en carreaux de plâtre ou en carreaux de brique enduits.
- **L'isolation thermique extérieure (ITE)**. L'isolant extérieur est protégé par un bardage, un enduit de façade, etc.
- **L'isolation thermique répartie** : le mur porteur est isolant (on parle alors de « monomur »). Dans ce cas, il n'y a donc pas d'isolant complémentaire mis en œuvre par le lot « Plâtrerie-

isolation » : c'est le seul mur réalisé par le lot « Maçonnerie » qui isole. En revanche, il faut prévoir une finition intérieure, par exemple en plâtre.

- **L'isolation thermique intégrée** entre des montants, en particulier pour les constructions à ossature bois. Là aussi, une finition intérieure en plâtre peut être nécessaire.

Un soin particulier doit être apporté aux liaisons avec les autres parties de l'ouvrage afin d'éviter des faiblesses dans l'isolation thermique.

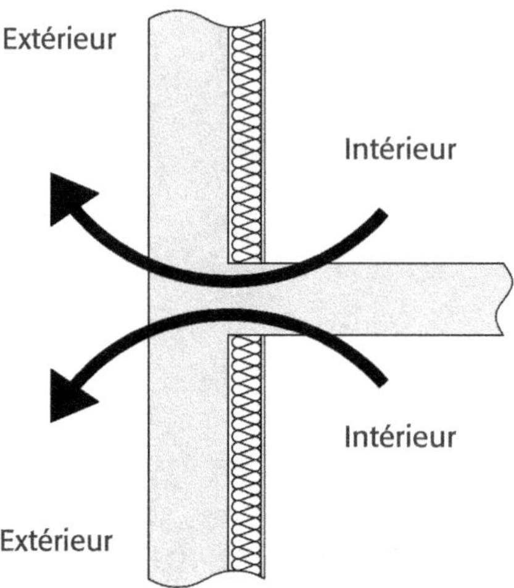

Ces zones localisées de faiblesse sont appelées « **ponts thermiques** ». Une illustration en est donnée ci-dessus, les flèches symbolisant la fuite de chaleur en hiver.

Les ponts thermiques se situent en particulier aux :

- liaisons entre un mur isolé et un plancher ;
- liaisons entre un mur isolé et un mur de refend ;
- liaisons entre un mur isolé et les menuiseries extérieures ;
- etc.

6.2   L'isolation des planchers

L'isolation des planchers au-dessus de zones froides ou du sol peut être assurée par :

- un isolant sous dalle, ou dallage, mis en œuvre par le maçon ;
- un isolant incorporé à la dalle, mis en œuvre par le maçon ;
- un isolant sous chape, mis en œuvre sous la responsabilité du lot « Revêtements de sols ».

L'isolation des combles est assurée par des panneaux, des rouleaux, ou par soufflage. L'isolant est maintenu par le dessous grâce à des plaques de plâtre fixées sur une ossature. C'est le lot « Plâtrerie-isolation » qui réalise cette partie de l'ouvrage.

L'isolation sous une étanchéité de toiture est mise en œuvre par le responsable de l'étanchéité.

6.3 Les plafonds

Les différentes solutions envisageables sont :
- les faux plafonds en plaques de plâtre vissées dans une ossature métallique ;
- les faux plafonds démontables constitués de petites dalles posées sur des rails apparents. Cette solution est, en particulier, choisie pour la plupart des bureaux ;
- les plaques de plâtre collées sous dalle ;
- les enduits pelliculaires (très fins) à base de plâtre, projetés sous les dalles en béton.

Ces solutions font partie des travaux courants de plâtrerie. Les deux premières (les faux plafonds) peuvent être associées à une isolation thermique et/ou acoustique, telle qu'évoquée précédemment dans la section « L'isolation des planchers ».

6.4 Les cloisons

Les cloisons peuvent être des :
- cloisons de séparation de logements différents. Le rôle acoustique est alors important ;
- cloisons de distribution des différentes pièces à l'intérieur d'un logement ;
- contre-cloisons de doublage isolant (voir « L'isolation des murs »).

Les différents matériaux sont :
- les carreaux de brique + enduit ;
- les carreaux de plâtre ;
- les plaques de plâtre sur ossature ;
- les panneaux monoblocs avec deux parements en plaques de plâtre ;
- les blocs béton, en particulier pour séparer les box de garage en sous-sol des immeubles.

Nota
Les cloisons ne jouent aucun rôle dans l'isolation thermique (sauf dans quelques cas particuliers).

6.5 Les finitions des parois verticales

Certaines parois nécessitent d'être revêtues. Le choix sera fait parmi :
- une plaque de plâtre collée ;
- un enduit pelliculaire ;
- un enduit épais en plâtre ;
- un enduit de chaux ;
- etc.

CHAPITRE 7

Aménagements de salles de bains

7.1 Baignoire

La plupart des baignoires proposées sont soit rectangulaires soit des baignoires d'angle. Il existe néanmoins d'autres formes possibles.

Forme			
Exemple 1	170 × 70 cm	130 × 130 cm	160 × 90 cm
Exemple 2	180 × 80 cm	140 × 140 cm	150 × 100 cm
Hauteur sans balnéo	50 cm	50 cm	50 cm
Hauteur avec balnéo	60 cm	60 cm	60 cm

Ces dimensions sont indicatives : il existe de nombreuses variantes.

Sauf pour certains modèles destinés à rester apparents, la face avant de la baignoire (et, éventuellement, la ou les faces latérales) est cachée par un habillage appelé « **tablier** ». Celui-ci peut être prêt à poser ou bien constitué d'un support destiné à être revêtu de carrelage mural (faïence).

Lorsque les baignoires laissent un petit espace avec la cloison ou le mur, cet espace peu accessible ou peu exploitable est généralement comblé par un habillage revêtu de carrelage.

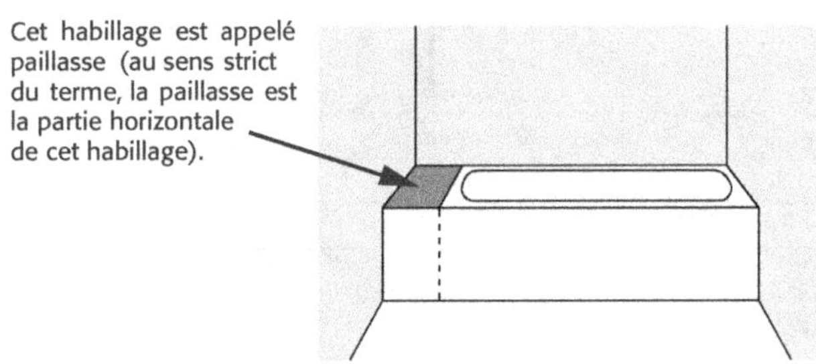

Nota

En principe, il n'y a pas de carrelage sous la baignoire, sauf pour quelques modèles de baignoires à poser sur le carrelage, qui reste alors apparent.

De même, il n'y a pas de carrelage mural dans la partie cachée par un tablier de baignoire.

La paillasse, bien qu'horizontale, ne fait pas partie du sol : elle est revêtue de carrelage mural.

7.2   Douche

Concernant les installations de douche, il faut distinguer :
- les receveurs prêts à poser ;
- les douches dites « à l'italienne » ;
- les cabines de douche, intégralement prêtes à poser.

Les receveurs prêts à poser

Dans le cas des receveurs prêts à poser, il y a une « marche » (le rebord du receveur) à franchir. Cela peut être plus ou moins gênant, notamment pour les personnes âgées. Il existe cependant des receveurs de faible hauteur pour limiter la gêne et les risques d'accident.

Les douches dites « à l'italienne »

Pour les douches dites « à l'italienne », toutes les formes sont possibles. Il s'agit de réalisations façonnées sur place :
- soit à l'aide de receveurs à carreler encastrés dans le sol ;
- soit directement réalisés en mortier étanche au niveau de la chape.

Cela ajoute des contraintes techniques, puisqu'il faut que tout le système d'évacuation des eaux de douche soit intégré au plancher.

Il n'y a pas de différence de niveau (pas de marche) entre la zone douche et le reste de la pièce.

Les cabines de douche

Les cabines de douche prêtes à poser comprennent le receveur, les parois verticales étanches et opaques, les portes vitrées et les appareillages de douche (alimentation en eau froide et eau chaude, mitigeur, douchette, etc.). Ces systèmes comportent presque tous une « marche » à franchir.

Quelques formes et dimensions usuelles

Forme			
Exemple 1	70 × 70 cm	80 × 80 cm	100 × 80 cm
Exemple 2	80 × 80 cm	90 × 90 cm	120 × 80 cm
Exemple 3	90 × 90 cm	100 × 100 cm	140 ×90 cm

La hauteur des receveurs prêts à poser ou de cabines de douche est très variable, allant de 3 cm jusqu'à 18 cm.

Nota

La nécessité de carreler le sol ou les murs dans la zone « douche » varie en fonction du type d'installation :

	Receveur à poser	Douche à l'italienne	Cabine de douche
Carrelage au sol	Non	Oui	Non
Carrelage mural	Oui	Oui	Non

7.3 Lavabo, vasque et meuble

Un lavabo peut soit être directement fixé au mur, soit reposer sur une colonne appuyée sur le sol.

Une vasque est, quant à elle, posée sur un meuble ou encastrée dans le plan horizontal d'un meuble (on parle alors de « plan-vasque »).

La partie supérieure d'un lavabo ou d'une vasque se situe généralement entre 82 et 87 cm du sol.

Les meubles colonnes qui servent au rangement font généralement entre 160 et 180 cm de hauteur.

Voici des exemples de dimensions courantes :

	Largeur	Profondeur
Lavabo	50 à 65 cm	40 à 55 cm
Vasque « rectangulaire » ou « ovale »	50 à 55 cm	35 à 45 cm
Vasque « ronde »	Diamètre de 30 à 45 cm	
Meuble support	60, 80, 100, 120, 140 cm	45 à 55 cm
Meuble colonne	35 à 50 cm	35 à 40 cm

Nota

Qu'il s'agisse d'un lavabo fixé au mur, reposant sur une colonne, ou d'une vasque sur meuble, dans tous les cas il y a du carrelage au sol et au mur sur toute la surface. Les meubles et appareillages sanitaires sont posés après.

7.4 Sécurité électrique

Bien que cela ne soit jamais repéré sur les plans, une salle de bains est divisée en quatre volumes, en fonction des risques électriques. L'autorisation d'installer des équipements électriques dépend de leur niveau de protection vis-à-vis des projections d'eau et de leur situation dans un des quatre volumes.

De manière simplifiée, on peut retenir que les quatre différents volumes sont :

Volume	Localisation	Hauteur
V0	Intérieur d'une baignoire ou d'un bac à douche.	
V1	Partie située au-dessus d'une baignoire ou d'une douche, ou à 1,20 m de l'origine d'un flexible de douche.	Jusqu'à 2,25 m au-dessus du fond de la baignoire, ou du fond de la douche.
V2	Partie située à 60 cm autour de la baignoire, ou de la douche.	Depuis le sol jusqu'en haut de V1.
V3	1- Au-dessus de V1 et V2.	Jusqu'à 3,00 m au-dessus du sol.
	2- La partie située à 2,40 m autour de V2.	Jusqu'à 2,25 m du sol.

Attention

Les hauteurs à prendre en compte sont aussi définies par rapport aux pommes de douche et flexibles, qui sont assimilés aux installations de douche ou de baignoire.

Dans le volume V0, aucun appareillage électrique n'est autorisé.

Dans le volume V1, la plupart des installations sont interdites, sauf quelques exceptions.

Dans les volumes V2 et V3, les installations et appareillages sont partiellement autorisés, en fonction de leur degré de protection à l'eau ou aux projections d'eau.

Nota

Au vu de leur complexité et dangerosité, nous ne pouvons détailler les installations électriques ici. Il est nécessaire de consulter les normes de mise en œuvre ainsi que des ouvrages spécialisés.

Application

Énoncé

Voici le plan d'une salle de bains qui mesure 2,50 m par 3,00 m. La hauteur entre le sol et le plafond est de 2,45 m. Vos réponses se baseront sur les informations données dans ce chapitre.

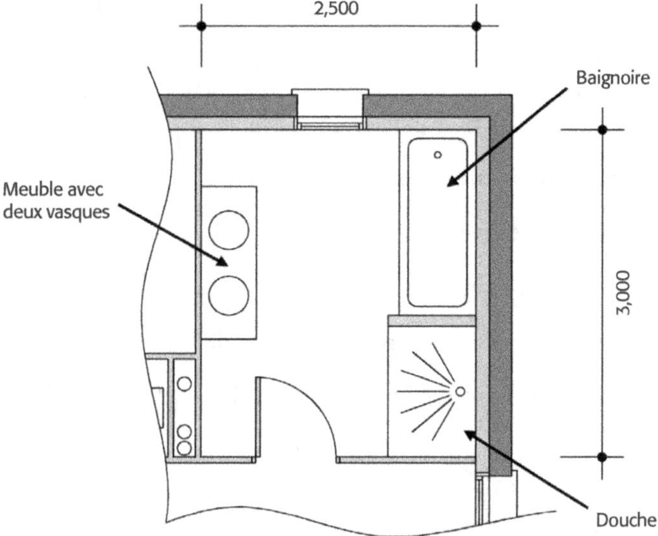

1. Sachant que la baignoire fait 70 cm de large, en déduire sa longueur.

2. Sachant que la baignoire prévue ne dispose pas d'équipement de type « balnéothérapie », en déduire sa hauteur.

3. Y a-t-il du carrelage sous la baignoire, sachant qu'il y aura devant un tablier carrelé ?

4. Sachant que le receveur de douche mesure 120 cm de large, en déduire sa profondeur.

5. Y a-t-il du carrelage sous le receveur de douche ?

6. Le meuble avec vasques a-t-il une influence sur les volumes de la salle de bains (par rapport à la sécurité électrique) ?

7. Y a-t-il du carrelage sous ce meuble ?

8. Sur la vue en plan de cette salle de bains, hachurer l'emplacement du volume V0.

9. Hachurer ensuite (dans une direction différente que précédemment) l'emplacement du volume V1.

10. Repérer ensuite l'emplacement du volume V2.

11. Le reste de la salle de bains est-il intégralement en volume V3 ?

Corrigé

1. Pour une largeur de 70 cm, la longueur généralement utilisée est : 170 cm.

2. Sans « balnéothérapie », la hauteur est généralement de 50 cm.

3. Le dessous de la baignoire étant caché par le tablier, il n'y aura pas de carrelage sous la baignoire. Le fait que le tablier soit carrelé (ou prêt à poser) n'a rien à voir avec le revêtement de sol derrière ce tablier.

4. Le receveur de douche mesure 80 × 120 cm.

5. Non, il n'y a pas de carrelage sous le receveur de douche.

6. Non, seules les baignoires et douches influent sur la définition des volumes.

7. Oui, il y a du carrelage sous les meubles de salle de bains.

8. V0 correspond au volume de la baignoire et de la douche.

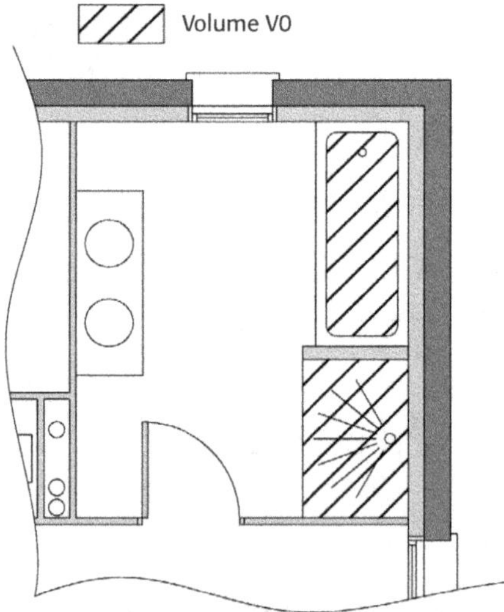

9. V1 est le volume situé au-dessus des baignoires et douches, jusqu'à 2,25 m au-dessus du fond de la baignoire ou de la douche.

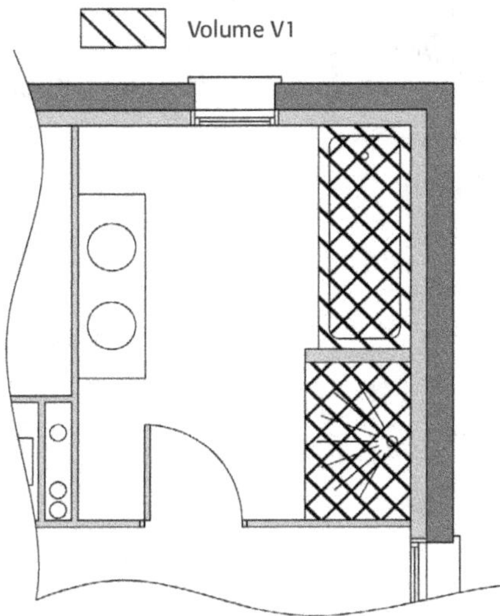

10. V2 est le volume allant jusqu'à 60 cm d'une baignoire ou d'une douche, et allant du sol jusqu'en haut de V1. (Rappel : V1 monte à 2,25 m du fond de la baignoire ou de la douche.)

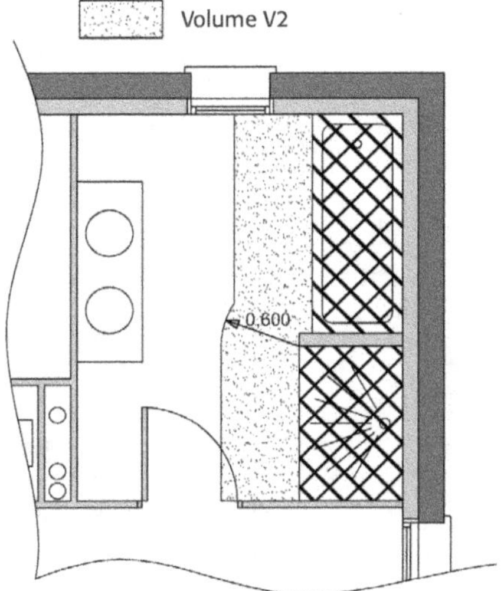

11. Toute la surface restante est située à moins de 2,40 m des limites de V2. Elle est donc classée :
- V3 jusqu'à 2,25 m de hauteur ;
- hors volume de 2,25 m jusqu'au plafond (situé à 2,45 m du sol), c'est-à-dire sur 20 cm de hauteur (2,45 − 2,25 = 0,20 m, soit 20 cm).

Attention : Ne pas oublier le volume situé au-dessus de V1 ou de V2 ! Il est classé V3 jusqu'à 3,00 m de haut : c'est ce que nous avons ici, puisque le plafond est à 2,45 m du sol (le volume s'arrête à 2,45 m du sol sans monter jusqu'à 3,00 m).

Représentation des équipements électriques

Les plans indiquent les positions des principaux équipements électriques. Le tableau ci-dessous vous permettra de comprendre la symbolisation figurant sur les plans architecturaux d'installations électriques. Nous donnons la représentation fréquemment utilisée pour les courants forts (220 V) et faibles (Internet, par exemple).

Désignation	Représentation	Désignation	Représentation
Point lumineux au plafond		Point lumineux en applique	ou
Interrupteur		Interrupteur avec témoin lumineux	
Interrupteur va et vient		Double interrupteur	
Interrupteur avec minuterie	t	Télérupteur	
Bouton poussoir		Bouton poussoir avec témoin	
Prise de courant électrique	ou	Prise avec transformateur	
Prise cuisine de 16 A	16 A	Prise pour four de 32 A	32 A
Prise télévision	TV ou V	Prise téléphone	T ou T
Prise informatique	RJ 45	Sonnerie	

Désignation	Représentation	Désignation	Représentation
Lave-vaisselle	LV	Lave -linge	LL
Appareil de cuisson		Radiateur	
Chauffe-eau	CE	Réfrigérateur	
Tableau électrique		Mise à la terre	

Les liens de commande entre appareils sont indiqués par un trait interrompu :

ou

Par exemple : un interrupteur commandant une lampe.

Nota

1 - La lettre « t » à proximité d'un appareil indique la présence d'une minuterie.

2 - GTL (gaine technique logement) : tableau électrique des courants forts et tableau de répartition des télécommunications (courants faibles).

3 - Réseaux enterrés courants forts : fourreau rouge.

4 - Réseaux enterrés télécommunications : fourreau vert.

CHAPITRE 9

Espaces de manœuvre pour les PMR

Les handicaps peuvent être liés :

- à la mobilité (personnes à mobilité réduite, ou PMR) ;
- à la déficience visuelle ;
- à la déficience auditive ;
- à la déficience mentale.

Concernant l'accessibilité des bâtiments aux PMR, les plans doivent indiquer en traits fins interrompus les espaces nécessaires à la manœuvre des fauteuils roulants.

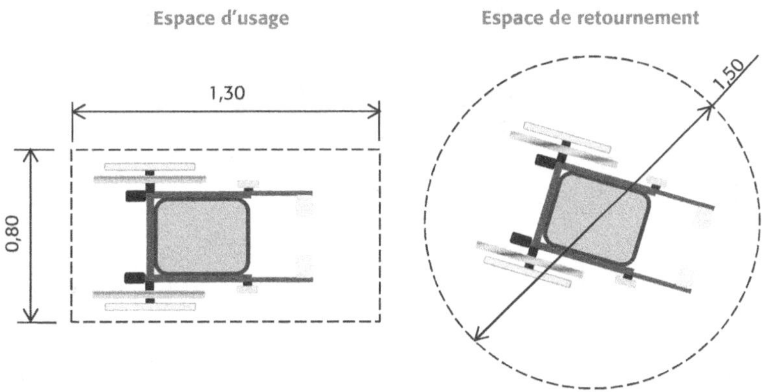

Espace d'usage

Espace situé à l'aplomb d'un dispositif de commande ou de service, qui permet à une personne en fauteuil roulant (ou avec deux cannes) d'utiliser ce dispositif.

Parmi ces dispositifs, notons, par exemple : les W.-C., les douches, les lavabos, les interphones, les boîtes aux lettres.

Espace de retournement

Permet à une personne en fauteuil roulant (ou avec deux cannes) de s'orienter ou de faire demi-tour.

Par exemple, pour sortir d'une pièce ou changer de direction dans un couloir.

Nota

L'espace d'usage et l'espace de retournement peuvent se superposer.

Espace de manœuvre d'une porte en tirant

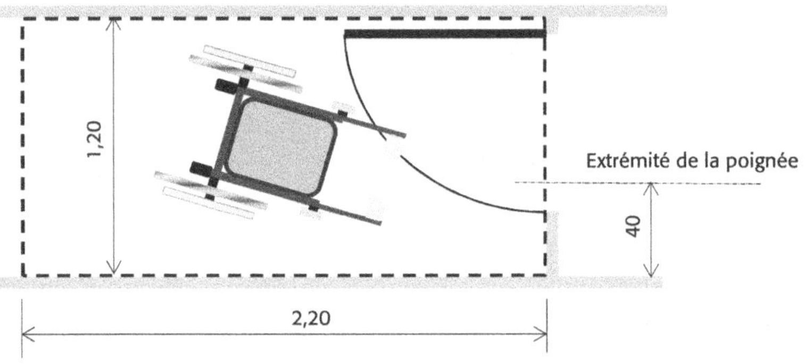

Espace de manœuvre d'une porte en poussant

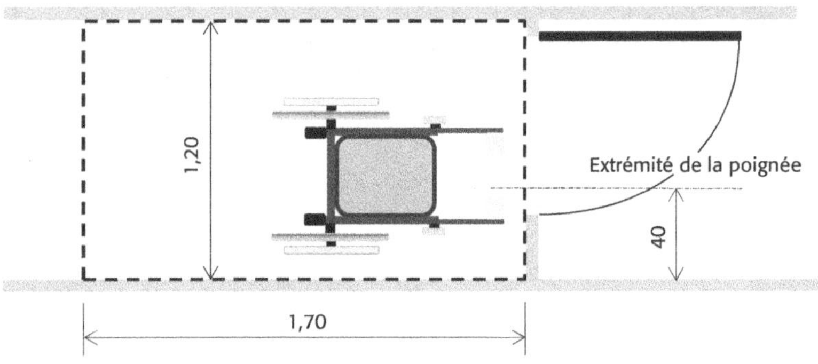

Nota

La largeur de 1,20 m correspond au couloir à l'intérieur d'un logement. Dans un ERP (établissement recevant du public), la largeur de couloir est portée à 1,40 m, ainsi que la largeur de l'espace de manœuvre d'une porte (tirant ou poussant).

Espace pour manœuvre latérale d'une porte

Exemple : manœuvre d'une porte d'entrée d'appartement
à partir des parties communes

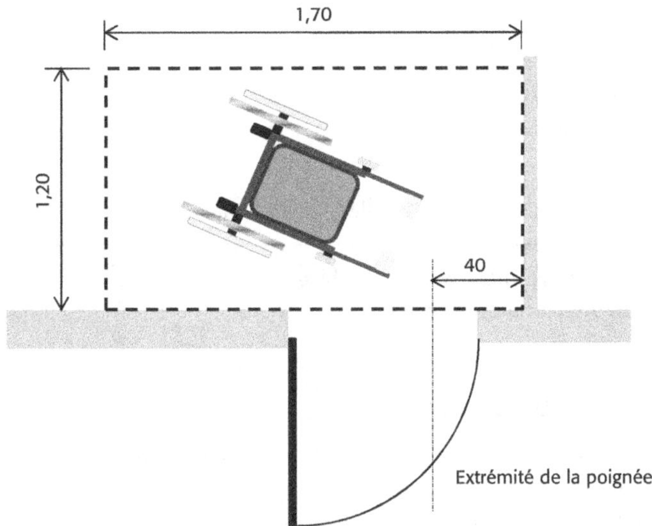

Positionnement des poignées, prises de courant et interrupteurs

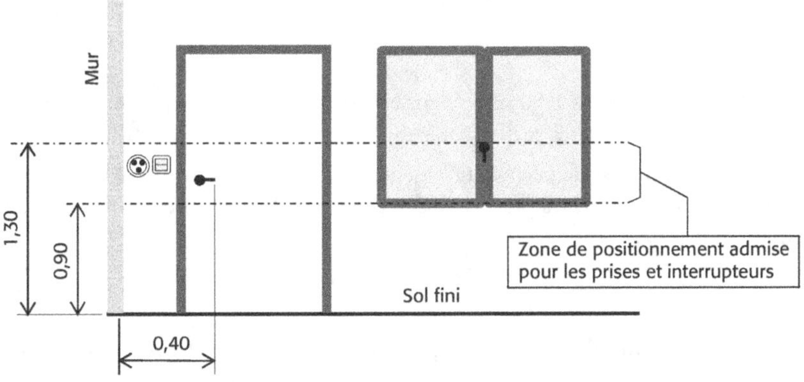

Application: étude d'une chambre

Énoncé

Nous étudions ici l'accessibilité d'une chambre d'une maison individuelle neuve pour une personne à mobilité réduite.

On vous donne un extrait des texte législatifs qui s'appliquent à cette chambre :

Annexe 7 à la circulaire inter ministérielle n° DGUHC 2007-53 du 30 novembre 2007 relative aux maisons individuelles neuves

Partie H – Pièces de l'unité de vie

<u>Décret + Arrêté : R. 111-18-6 article 24</u>

La chambre doir offrir, en-dehors du débattement de la porte et de l'emprise du lit de 1,40 m × 1,90 m :

- un espace libre d'au moins 1,50 m de diamètre ;
- un passage d'au moins 0,90 m sur les deux grands côtés du lit et un passage d'au moins 1,20m sur le petit côté libre du lit

  (ou un passage d'au moins 1,20 m sur les deux grands côtés du lit et un passage d'au moins 0,90 m sur le petits côté du lit).

<u>Circulaire</u>

L'espace libre d'au moins 1,50 m de diamètre peut se chevaucher en partie avec un ou plusieurs des passage situés sur les côtés du lit.

L'objectif recherché est de permettre l'usage de la chambre à une personne en fauteuil roulant et notamment de lui permettre d'accéder aux 3 côtés libres d'un lit de 1,40 m × 1,90 m.

Nous étudions une chambre définie par le plan donné ci-dessous. La réglementation est-elle respectée ? On se contentera d'étudier l'extrait se trouvant dans l'encadré.

Vous avez ci-dessous le plan coté de la chambre. Les meubles autres que le lit et la fenêtre ne sont pas représentés, car la législation n'en tient pas compte. L'espace de retournement de 1,50 m de diamètre est représenté en dessous à la même échelle.

Plan de la chambre

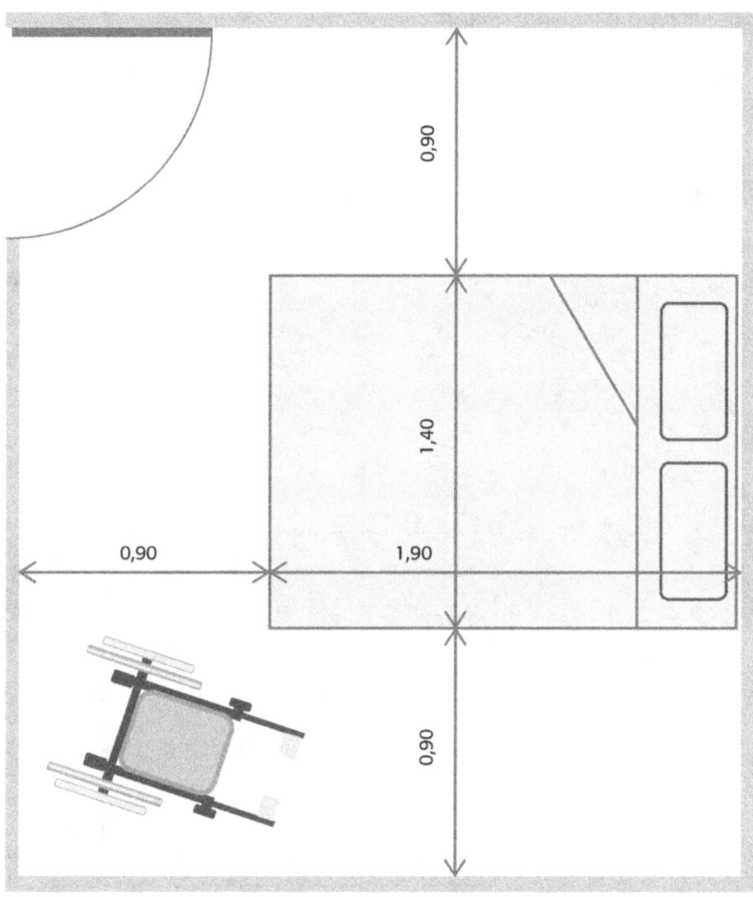

Corrigé

Non la réglementation n'est pas respectée :

1. Il n'y a pas d'espace de retournement d'au moins 1,50 m de diamètre (il empiète sur le lit, que ce soit dans l'angle du haut ou celui du bas)

2. Il n'y a pas de passage ≥ 1,20 sur le petit côté du lit (malgré qu'on ait effectivement 0,90 m sur les grands côtés)

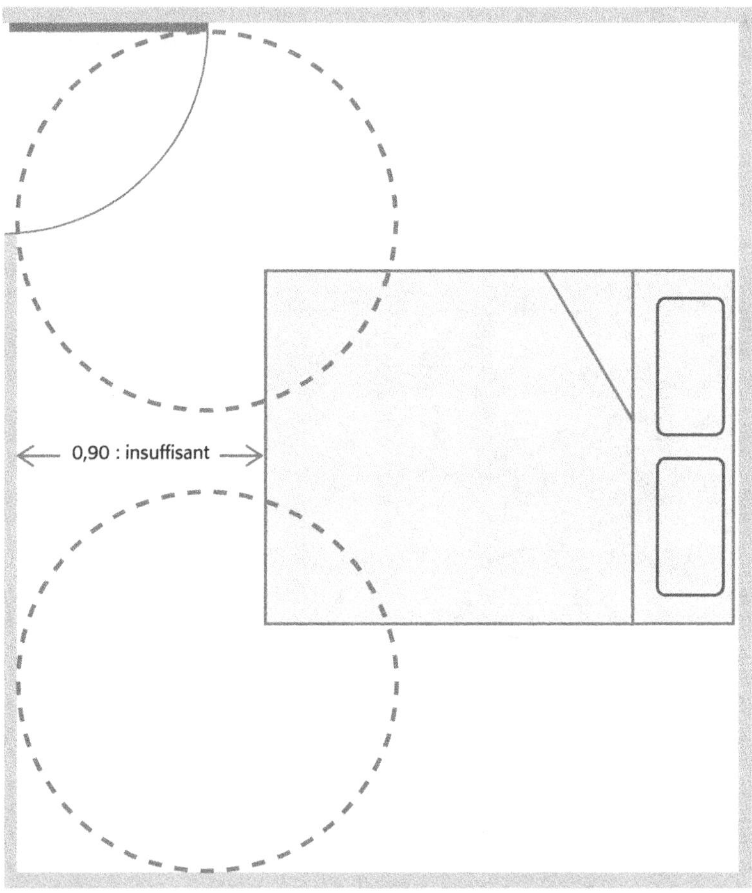

Partie V

Informations sous-entendues

CHAPITRE 1

Calcul de cotes non précisées

Les professionnels n'éprouvent pas toujours le besoin d'expliciter certains détails qui leur paraissent évidents, ou qui relèvent de l'expérience du chantier.

Un plan et son descriptif, aussi précis soient-ils, ne donnent pas toutes les indications dont nous aurions besoin.

Nous allons aborder un exemple qui met en jeu plusieurs lots : maçonnerie en béton armé, isolation thermique extérieure, plâtrerie du logement, revêtement de sol du logement.

1.1 Le dossier étudié

Plan partiel du niveau 3

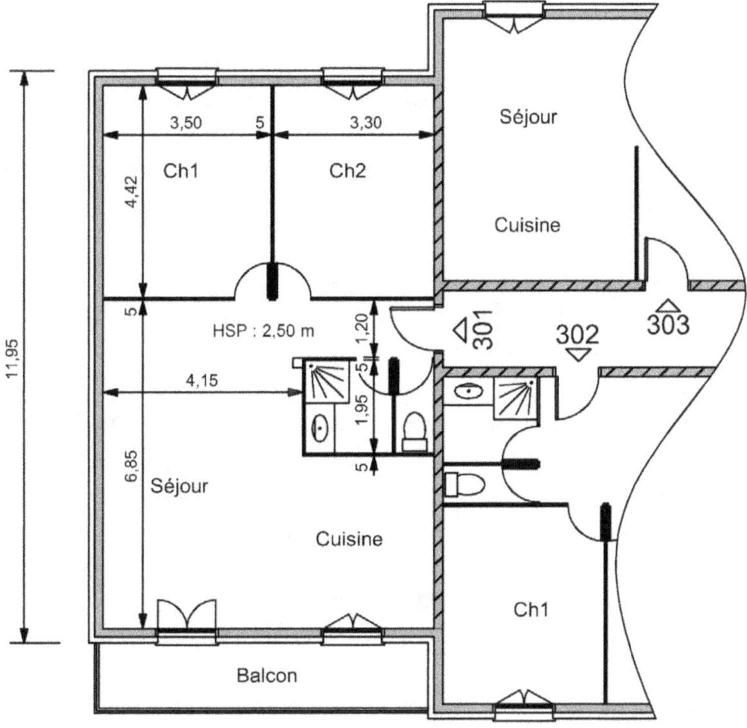

Nous retrouvons le plan (sans échelle) d'une partie du 3e étage d'un immeuble d'habitation, partiellement coté, sur lequel nous étudions l'appartement 301.

Vous remarquerez que la cotation intérieure et la cote globale extérieure sont données, mais il manque :

- *les cotes des épaisseurs des murs de façade ;*
- *les dimensions de la cuisine.*

La cote d'épaisseur de la cloison est en centimètres comme toute cote inférieure à 1,00 m. Les autres sont en mètres et centimètres.

Descriptif sommaire partiel

Vous disposez du descriptif ci-dessous, qui complète le plan.

Il est sommaire, puisqu'il ne donne pas tous les renseignements (il manque les descriptions qualitatives des matériaux et leurs localisations).

Il est partiel, car nous n'avons pas reproduit la liste complète des lots. Nous nous sommes contentés de ceux qui nous intéressaient dans ce sujet.

Maçonnerie en béton armé

- Fondations superficielles.
- Murets enterrés en béton armé.
- Dallage sur terre-plein au RdC : corps de dallage en béton armé de 12 cm, reposant sur 25 cm de couche de forme.
- Dalles pleines en béton armé (épaisseur : 18 cm) entre les niveaux.
- Murs de façade (voiles) en béton armé, épaisseur de 16 cm.
- Murs de refend (voiles) en béton armé, épaisseur de 18 ou 20 cm selon plans.
- Escalier en béton armé.

Isolation thermique extérieure

- Plaques de polystyrène expansé d'épaisseur 12 cm, collées et fixées mécaniquement aux murs de façade.
- Sous-couche d'accrochage au mortier spécifique et finition par enduit monocouche lissé (épaisseur : 1,5 cm).

Plâtrerie logement

- Plaques de plâtre collées aux murs de façade (épaisseur totale : 2 cm).
- Cloisons de distribution d'une épaisseur de 5 cm.
- Plafond : enduit plâtre pelliculaire projeté d'une épaisseur de 2 mm.

Revêtement de sol logement

- Au RdC : isolation incompressible de 8 cm sous une chape de 7 cm.
- Étages : chape de 5 cm.
- Pas de chape sur les marches d'escalier.
- Carrelage collé (épaisseur totale : 1 cm) dans les cuisines, séjours, dégagements, salles de bains, W.-C.
- Parquet mince à poser clipsé, pour les chambres.

1.2   Recherche de la hauteur vraie des cloisons

Contexte

Lorsque le plâtrier débute son intervention, une des premières questions qu'il doit se poser est celle-ci : « À quelle hauteur dois-je couper les plaques de plâtre ? »

Les plaques de plâtre qui constituent les cloisons sont :

- posées et fixées en pied sur la dalle basse en béton armé ;
- fixées en tête sous la dalle haute en béton armé.

Sur le plan, l'architecte a indiqué une hauteur sous plafond (HSP). Cette hauteur est comptée du sol fini jusqu'au plafond fini, c'est-à-dire qu'elle est mesurée du dessus du carrelage jusqu'au-dessous du plafond. La hauteur sous plafond est celle laissée libre pour les occupants.

Énoncé

(Pour ces questions, les calculs des dimensions se feront en mm.)

1. Quelle est la hauteur sous plafond en mm ?

2. Quelle est l'épaisseur du revêtement de sol (carrelage et chape) en mm ?

3. Quelle est l'épaisseur de l'enduit du plafond ?

4. Quelle est l'épaisseur de chacune des dalles en mm ?

5. Tracez une section verticale représentant les dalles basse et haute de l'appartement étudié.

   (Tracez deux traits horizontaux distants de 2,50 m représentant les surfaces du sol fini et du plafond fini.

   Puis, sous le trait inférieur, tracez le revêtement de sol.

   L'épaisseur de l'enduit pelliculaire plâtre au plafond ne peut pas être représentée car trop faible : tracez un trait épais.

   Ensuite, tracez les deux dalles.)

6. Calculez la distance entre le niveau supérieur de la dalle brute du 3e étage et le niveau inférieur de la dalle brute du 4e étage.

   Vous venez de trouver la hauteur des cloisons en plaques de plâtre !

Corrigé

1. Hauteur sous plafond : 2,50 m → 2 500 mm.
2. Épaisseur du revêtement de sol : 5 cm + 1 cm = 6 cm → 60 mm.
3. Épaisseur de l'enduit du plafond : 2 mm.
4. Épaisseur de chacune des dalles : 18 cm → 180 mm.

5.

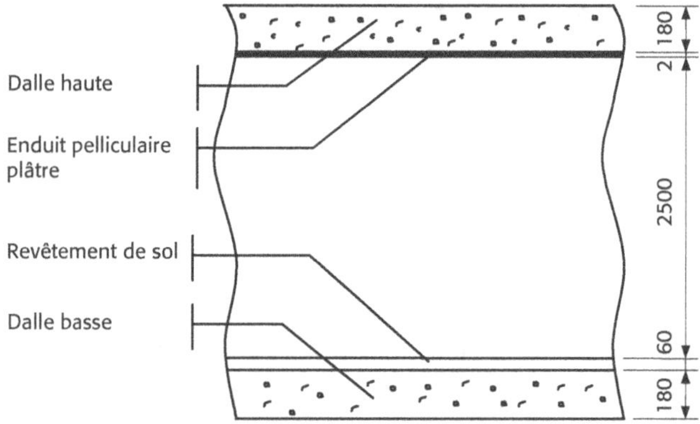

6. 2 500 + 60 + 2 = 2 562 mm.

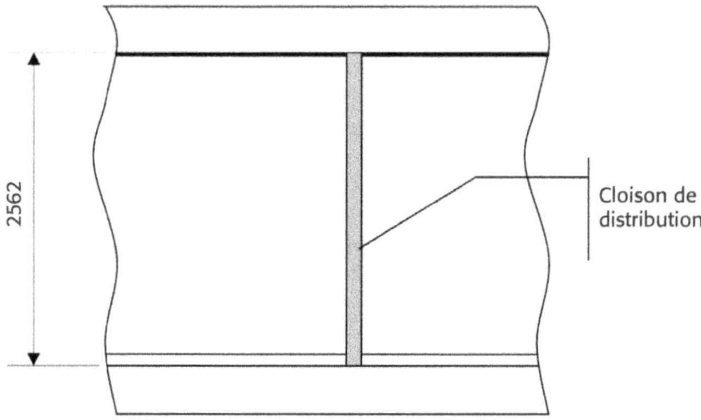

Nota

Le plâtrier connaît donc la hauteur à laquelle il doit couper ses plaques de plâtre.

Nous pouvons aussi tracer le carnet de détail ci-dessus, qui montre comment sont posées les cloisons de distribution.

1.3   Recherche des épaisseurs des murs

Contexte

La cotation des épaisseurs des murs de façade n'est pas indiquée sur le plan. Cependant, nous disposons d'un descriptif qui nous donne les épaisseurs de tous les composants des murs de façade. Nous allons donc pouvoir compléter la cotation.

Énoncé

(Pour les questions suivantes, les calculs des cotes se feront en centimètres et en mètres.)

1. Recherchez les épaisseurs des murs de façade (compléter le tableau) :

Composant	Épaisseur en cm
Plaques de plâtre collées à l'intérieur	
Mur de façade en béton armé	
Isolant extérieur polystyrène	
Sous-couche d'accrochage + enduit	

2. Quelle est l'épaisseur de chacun des murs de façade, en cm et en m ?

3. Calculez les dimensions de la cuisine.

4. Complétez la cotation en rajoutant les épaisseurs des murs de façade dans l'alignement de la cotation intérieure. Puis rajoutez les dimensions de la cuisine. (Les cotes inférieures à 1,00 m sont portées en cm.)

5. Vérifiez que la cote globale extérieure est bien 11,95 m.

Corrigé

1. Épaisseurs des composants des murs de façade.

Composant	Épaisseur en cm
Plaques de plâtre collées	2
Voile de façade en béton armé	16
Isolant extérieur polystyrène	12
Sous-couche d'accrochage + enduit	1,5

2. Épaisseur de chacun des murs de façade :
   2 + 16 + 12 + 1,5 = 31,5 cm → 0,315 m.

3. Dimensions de la cuisine.
   Largeur appartement = 3,30 + 0,05 + 3,50 = 6,85 m.
   – Pour obtenir la largeur de la cuisine, il faut déduire la dimension connue :
     Largeur cuisine = 6,85 – 4,15 = 2,70 m.
   – Pour obtenir la longueur de la cuisine, il faut déduire de la longueur du séjour les dimensions du couloir, de la salle d'eau et les épaisseurs des cloisons :
     Longueur cuisine = 6,85 – 1,20 – 0,05 – 1,95 – 0,05 = 3,60 m.

4. Complément de cotation.

(Les épaisseurs des murs de façade étant inférieures à 1,00 m, elles sont indiquées en cm, soit : 31,5 cm.)

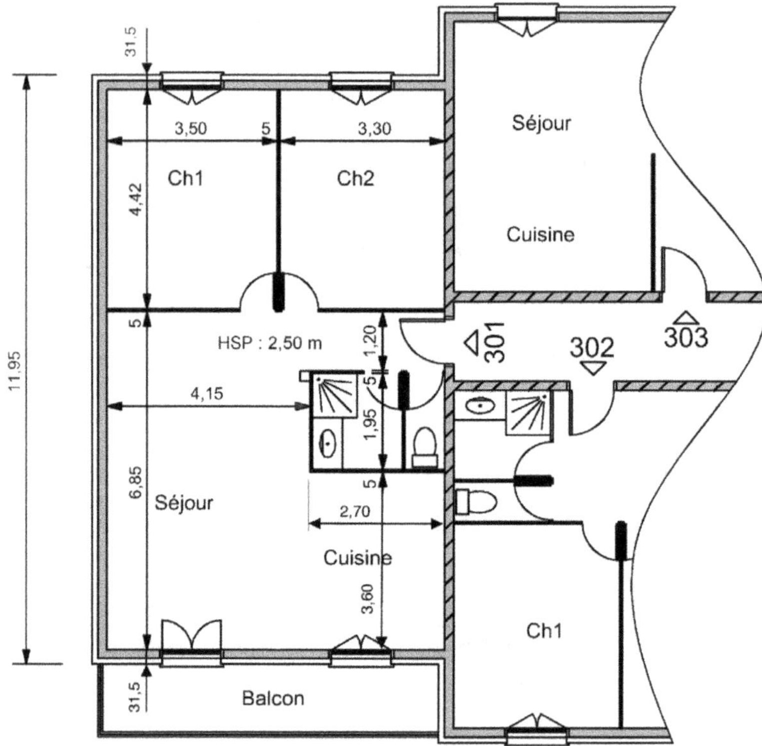

5. Vérification de la cote globale :

0,315 + 4,42 + 0,05 + 6,85 + 0,315 = 11,95 m.

CHAPITRE 2

Étude de cas : de la vue en plan aux élévations

Le dossier étudié concerne une opération de construction de douze logements, répartis en deux bâtiments de taille modeste, afin de s'insérer harmonieusement dans un quartier résidentiel. Chaque bâtiment comporte trois niveaux : le rez-de-chaussée, un premier étage et des combles aménagés. L'étude de cas concerne la salle de bains de l'un des logements situés sous les combles.

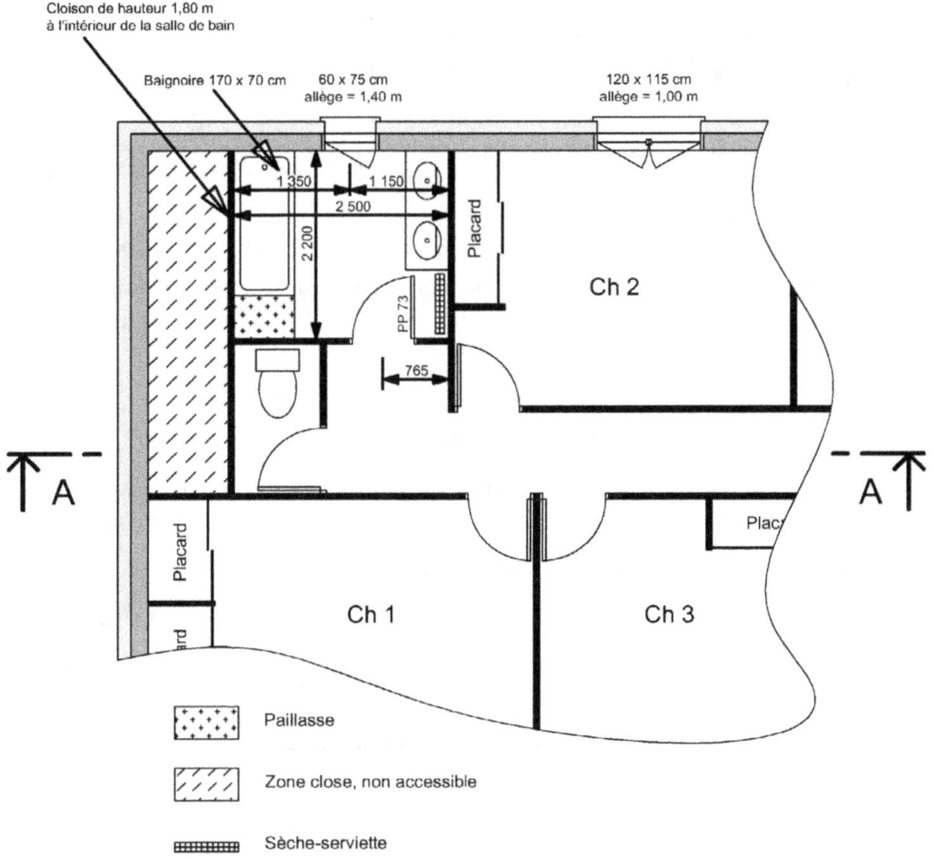

Contexte

La salle de bains mesure 2,500 × 2,200 m. On cherche à calculer les surfaces de :

- carrelage au sol de dimensions 30 × 30 cm ;
- carrelage mural (souvent confondu avec « faïence » dans le langage courant) de dimensions 20 × 25 cm, mis en œuvre sur les parois verticales, le tablier de la baignoire et la paillasse.

En plus de la vue en plan présentée précédemment, vous disposez d'une coupe verticale AA, mais qui passe par le W.-C. et non par la salle de bains :

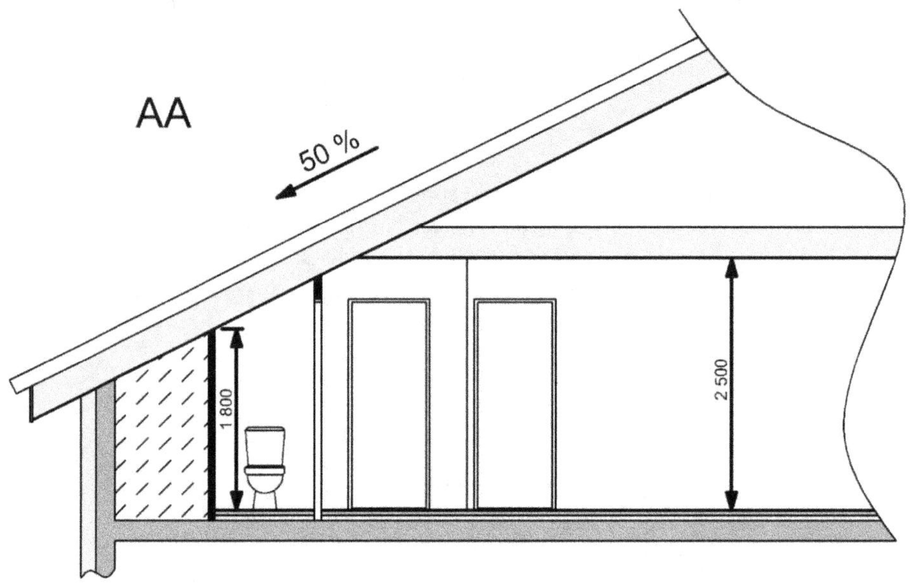

Avec ces données, on ne connaît pas exactement la forme et la composition des parois de la salle de bains. Nous allons donc les étudier avant de calculer les surfaces de carrelage correspondantes.

Énoncé

1. Repérer la partie du sol de la salle de bains sur laquelle il faudra mettre en œuvre un carrelage.

2. Calculer la surface de carrelage au sol (réalisé en carreaux 30 × 30 cm).

3. La hauteur entre le sol et le plafond est-elle partout la même dans la salle de bains ?

4. Quelle est la hauteur de la baignoire, sachant qu'elle ne comporte pas d'équipement « balnéo » ?

5. Faire un schéma coté des quatre parois verticales de la salle de bains, et repérer les surfaces à revêtir de carrelage mural.

6. Calculer les surfaces de carrelage mural à mettre en œuvre.

Corrigé

1. La surface où il faut prévoir du carrelage au sol est indiquée en gris sur l'extrait de plan ci-dessous :

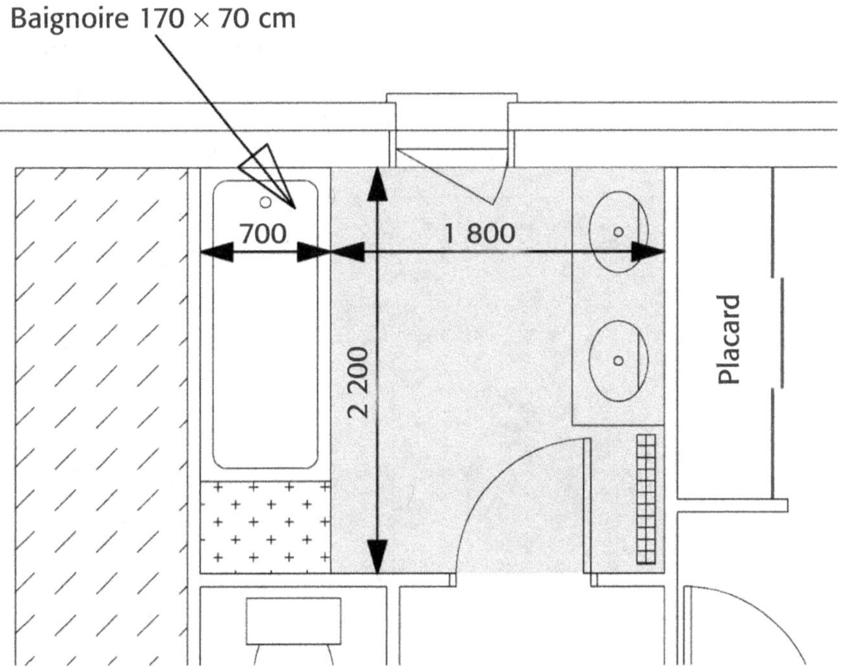

Il n'y aura pas de carrelage sous la baignoire et la paillasse, car il s'agit d'un espace fermé non utilisable (voir chapitre « Aménagements de salles de bains » dans la partie 4).

Il y a, en revanche, du carrelage sous le meuble de la salle de bains, car il fait partie du mobilier et est susceptible d'être changé. Par ailleurs, tous les meubles ne cachent pas le sol ; certains reposent seulement sur des pieds, et d'autres sont suspendus.

Le carrelage s'arrête sous la porte lorsqu'elle est fermée.

2. La surface à carreler mesure donc 2,200 m par 1,800 m (2,500 – 0,700 m de largeur de la baignoire). Cela fait donc 3,96 m^2.

Nota

La dimension des carreaux (30 × 30) n'a pas de rapport avec le calcul de la surface de sol à carreler.

3. Comme le montre la vue en plan dont un extrait est reproduit ci-dessus (réponse à la question 1), il y a une cloison sur la gauche qui fait 1,800 m de hauteur. Cela est dû au plafond incliné sous le toit, comme le montre la vue en coupe AA.

La hauteur la plus basse est donc de 1,800, et devrait augmenter jusqu'à atteindre une partie horizontale à 2,500 m du sol (on retrouve les valeurs 1,800 et 2,500 sur la coupe AA).

4. Cette baignoire mesure *a priori* 50 cm de haut.

5. Avant de dessiner les quatre parois, nous vous proposons des vues en perspective de la salle de bains afin de faciliter la compréhension.

Les parois identifiées 1 à 4 le sont de manière arbitraire ; il n'y a aucune règle pour cela. Nous avons choisi d'aller du plus simple au plus complexe.

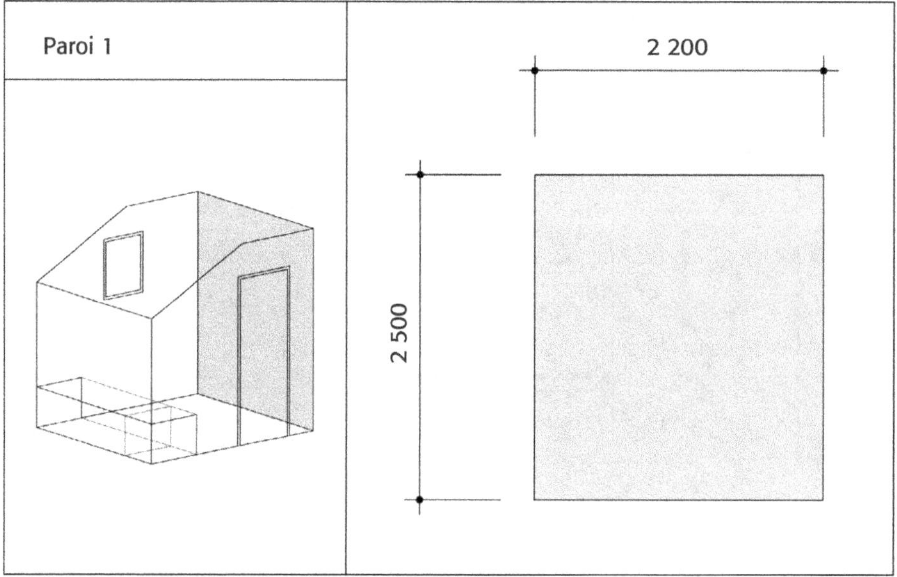

Explications préalables aux dessins des parois 2 (celle avec la fenêtre) et 3 (celle avec la porte).
- La valeur de 700 mm est la différence de hauteur entre le plafond à 2 500 mm et le bas du plafond incliné, au-dessus de la cloison de 1 800 mm.
- Sachant que la pente est de 50 %, et connaissant la hauteur de 700 mm, on en déduit la longueur de 1 400 mm.

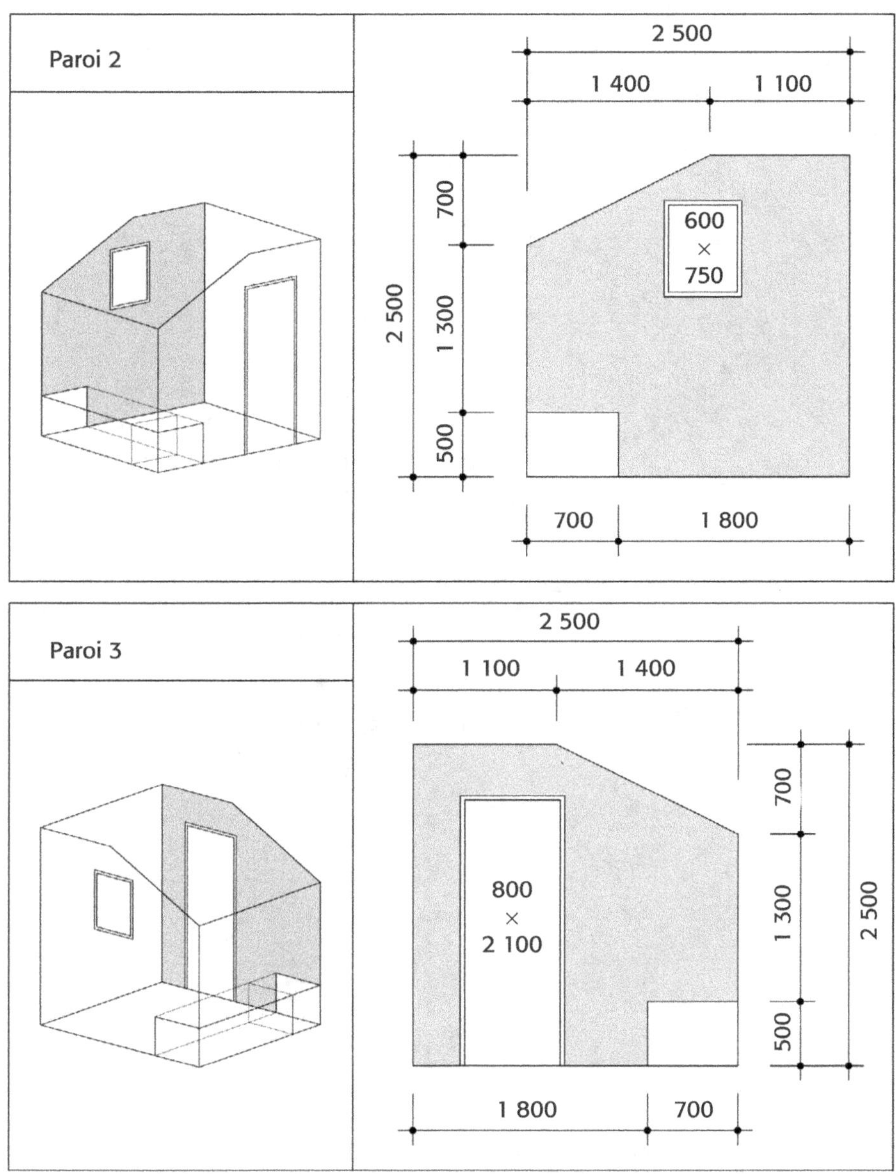

Nota

Comme le battant de la porte (menuiserie intérieure) fait 73 × 204 cm, cela signifie que le bloc-porte (y compris l'huisserie) mesure 80 × 210 cm.

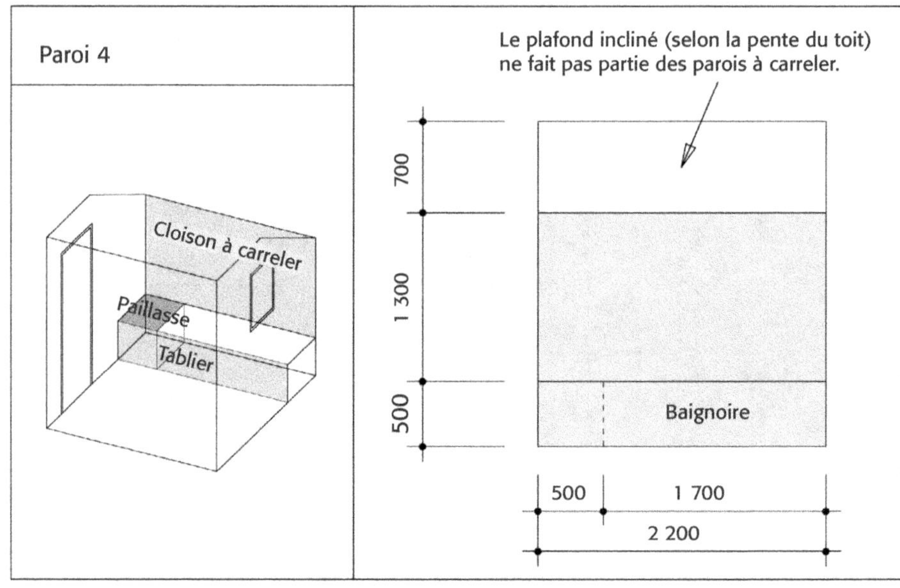

Paroi 4
Cloison à carreler
Paillasse
Tablier
Le plafond incliné (selon la pente du toit)
ne fait pas partie des parois à carreler.
700
1 300
500
Baignoire
500
1 700
2 200

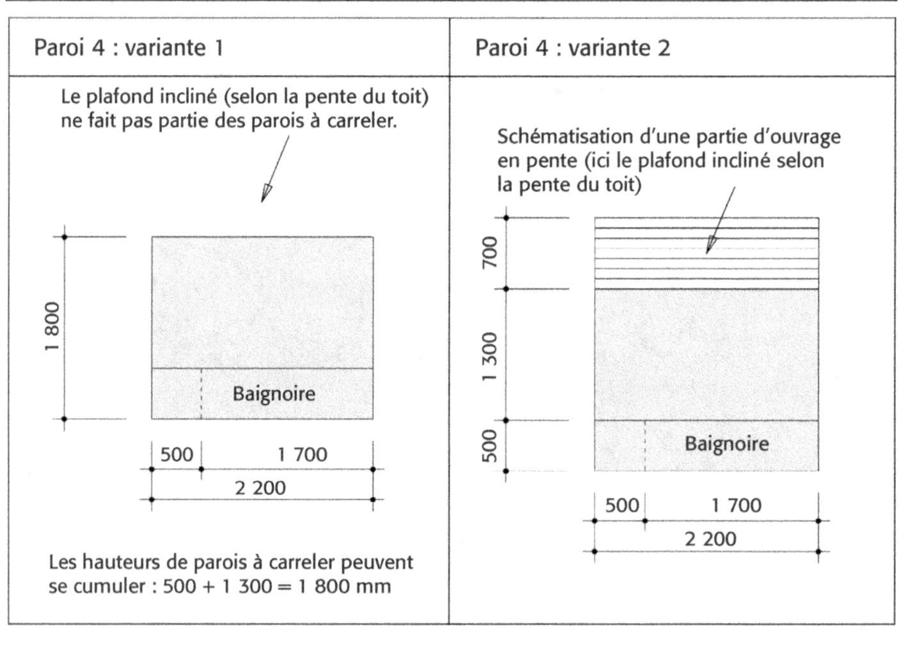

Paroi 4 : variante 1
Paroi 4 : variante 2
Le plafond incliné (selon la pente du toit)
ne fait pas partie des parois à carreler.
1 800
Baignoire
500
1 700
2 200
Les hauteurs de parois à carreler peuvent
se cumuler : 500 + 1 300 = 1 800 mm
Schématisation d'une partie d'ouvrage
en pente (ici le plafond incliné selon
la pente du toit)
700
1 300
500
Baignoire
500
1 700
2 200

6. À partir de l'analyse précédente, on peut maintenant calculer les surfaces de carrelage mural des différentes parois.

Paroi 1 : 2,20 × 2,50 = 5,50 m² ⟶ Sous-total 1 = **5,50 m²**

Paroi 2 : Le plus simple est de prendre la surface enveloppe (2,20 par 2,50 m de haut), puis de déduire les surfaces comptées en trop.

Surface enveloppe : 2,50 × 2,50 = 6,25 m²

À déduire :

- rectangle « baignoire » : 0,70 × 0,50 = 0,35
- triangle « sous toit » : 1,40 × 0,70 / 2 = 0,49
- fenêtre : 0,60 × 0,75 = 0,45

Total à déduire = 1,29 m²

Sous-total 2 = **4,96 m²**

Paroi 3 : Le plus simple est de prendre la surface enveloppe (2,20 par 2,50 m de haut), puis de déduire les surfaces comptées en trop.

Surface enveloppe : 2,50 × 2,50 = 6,25 m²

À déduire :

- rectangle « baignoire » : 0,70 × 0,50 = 0,35
- triangle « sous toit » : 1,40 × 0,70 / 2 = 0,49
- porte : 0,80 × 2,10 = 1,68

Total à déduire = 2,52 m²

Sous-total 3 = **3,73 m²**

Paroi 4 : Cloison à carreler : 2,20 × 1,30 = 2,86 m²

Tablier : 2,20 × 0,50 = 1,10 m²

Paillasse : 0,50 × 0,70 = 0,35 m²

Sous-total 4 = **4,31 m²**

La surface totale est égale à la somme des quatre sous-totaux :

S = 5,50 + 4,96 + 3,73 + 4,31 = 18,50 m²

CHAPITRE 3

Étude de cas : escalier

3.1   Le dossier étudié

L'étude concerne un escalier droit (ne tournant pas) de logement individuel, permettant de passer du rez-de-chaussée au premier étage. Les plans font apparaître quelques informations, mais pas toutes celles utiles. Sur le plan de l'étage ci-dessous, la partie visible de l'escalier est grisée.

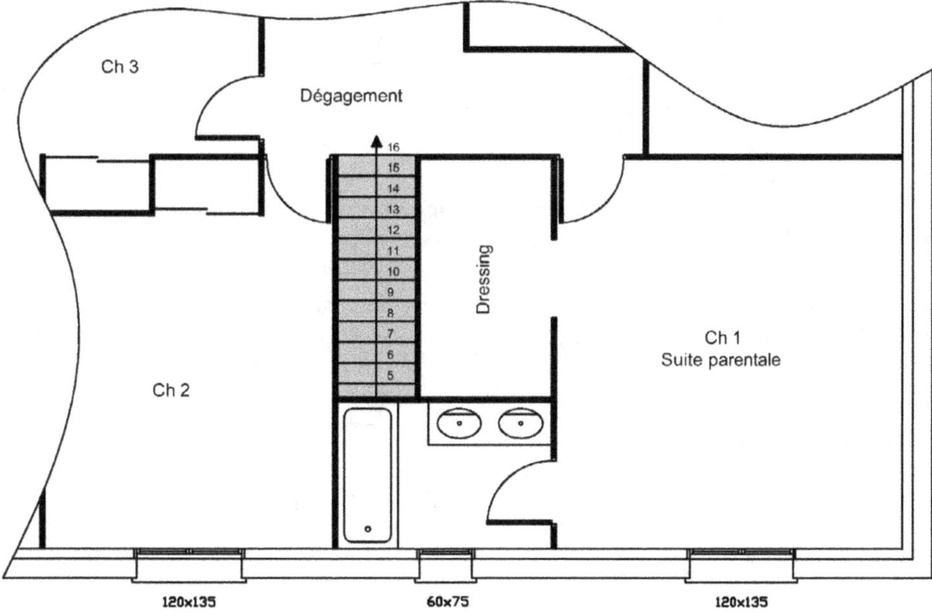

La flèche indique le sens de la montée. On arrive donc sur le dégagement de l'étage (le « dégagement » pourrait être appelé le « couloir »).

La zone grisée correspond à la trémie (le vide laissé dans la dalle). Elle mesure : 90 cm × 280 cm.

On constate qu'il y a seize hauteurs de marches à monter. Les marches 1, 2, 3 et une partie de la 4 ne sont pas représentées, car elles sont cachées sous la dalle.

Descriptif sommaire partiel

Maçonnerie

- Fondations superficielles.
- Murets enterrés en béton armé.
- Dallage sur terre-plein : corps de dallage en béton armé de 12 cm, reposant sur 25 cm de couche de forme.
- Dalle de l'étage en poutrelles et entrevous (épaisseur totale : 20 cm).
- Murs de façade en briques de 20 cm.
- Escalier en béton armé.
- Enduit extérieur monocouche de 2 cm, finition grattée.

Charpente-couverture

- Charpente en bois au-dessus de l'étage.
- Couverture en tuiles de terre cuite.
- Zinguerie d'eau pluviale en PVC beige.

Isolation-plâtrerie

- Complexe de doublage polystyrène-plâtre, d'une épaisseur totale de 12 cm.
- Cloisons d'une épaisseur de 5 cm.
- Plafond du rez-de-chaussée : plaques de plâtre de 13 mm. La hauteur sous plafond (entre le sol du rez-de-chaussée et le plafond) est de 2,50 m. Le vide restant entre le plafond et la dalle permettra de faire passer les réseaux.
- Plafond de l'étage : plaques de plâtre de 13 mm.
- Isolation projetée sous toiture sur 30 cm.
- Habillage des bords de trémies par plaques de plâtre collées ; épaisseur totale : 2 cm.

Revêtement du sol

- Isolation incompressible de 8 cm sous chape au rez-de-chaussée.
- Chape de 5 cm au rez-de-chaussée, et de 4 cm à l'étage.
- Pas de chape sur les marches d'escalier.
- Carrelage collé (épaisseur totale : 1 cm) au rez-de-chaussée, dans le dégagement de l'étage, dans les salles de bains, sur les marches et sur les contremarches de l'escalier. (Une contremarche est la partie verticale située entre deux marches.)
- Parquet mince à poser clipsé pour les autres pièces.

Plomberie-sanitaire (pour l'étage seulement)

- Meuble avec deux vasques de 50 × 35 cm.
- Baignoire de 170 × 70 cm et de hauteur finale de 50 cm.

3.2 Vérification des dimensions des marches

Contexte

Les caractéristiques dimensionnelles des marches de l'escalier sont :
- hauteur de marche (h) : 18 cm ;
- giron (G) : 24 cm ;
- emmarchement (E) : 90 cm.

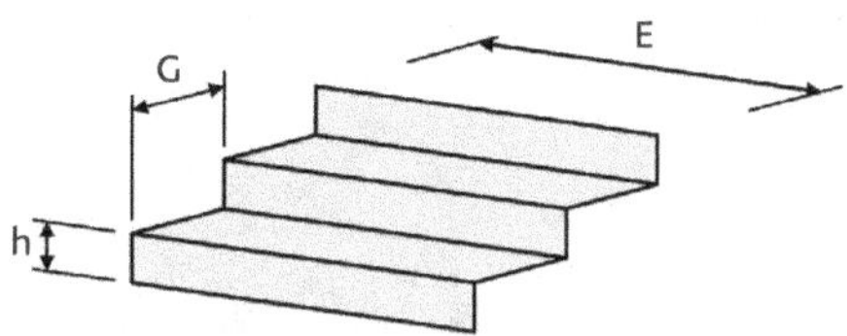

Nota

Le giron correspond à la distance entre deux nez de marches, mesurée en plan (horizontalement).

La hauteur de marche et le giron sont les dimensions de l'escalier fini, c'est-à-dire après la pose du revêtement (carrelage, par exemple).

Énoncé

1. Sachant que la différence de hauteur entre le rez-de-chaussée et l'étage est de 2,88 m, vérifiez que la hauteur d'une marche est bien 18 cm.

2. Vérifiez que la condition de confort est satisfaite (formule de Blondel) :

   $58 \text{ cm} \leq G + 2\,h \leq 64 \text{ cm}$

   avec G et h en cm.

Corrigé

1. La hauteur à monter est de 288 cm en 16 marches. Une marche doit donc mesurer :
   288 cm/16 = 18 cm.

2. $G + 2\,h = 24 + 2 \times 18 = 60$ cm.

   Oui, G + 2 h est compris entre 58 et 64 cm.

3.3 Dessiner la vue en coupe de l'escalier

Contexte

Sachant que l'élément porteur des marches de l'escalier peut être l'une des possibilités suivantes :

- les murs latéraux, si les marches sont en pierre ;
- le ou les limon(s) (poutre(s) latérales ou centrale), si l'escalier est en bois ou en métal ;
- la partie inférieure de l'escalier lui-même, si l'escalier est en béton armé ;
- le poteau central (également appelé « fût » ou « noyau ») d'un escalier hélicoïdal (escalier circulaire),

Énoncé

1. D'après vous, quelle est la solution pour l'escalier étudié (nature de l'élément porteur) ?

Attention

Ne pas oublier de rechercher les informations utiles dans le descriptif sommaire partiel !

2. Dessiner au 1/25 la section verticale AA depuis le dallage (au rez-de-chaussée) jusqu'au sol fini du dégagement de l'étage.

La position de la section à représenter est indiquée ci-dessous ; elle passe par l'escalier et la trémie.

Il est conseillé de prendre une feuille A4 horizontalement (format paysage).

Il conviendra de prendre en compte un escalier monobloc avec une « paillasse » de 10 cm. La paillasse a été indiquée en gris sur le schéma ci-dessous pour une meilleure visualisation :

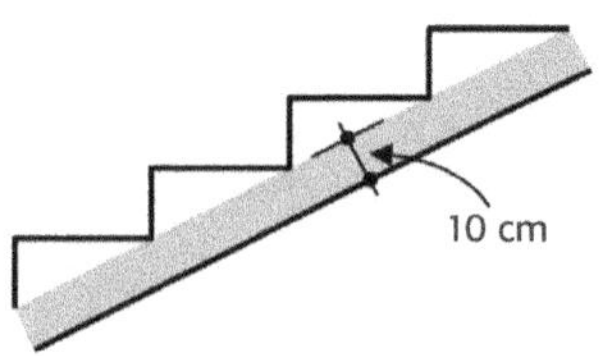

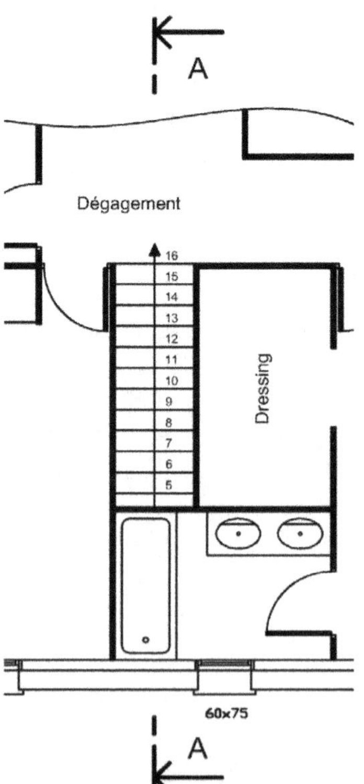

Rappel

La différence de niveau entre le rez-de-chaussée et l'étage vaut 2,88 m. C'est ce qu'on appelle « la hauteur à monter ».

Attention

Ne pas oublier de rechercher les informations utiles dans le descriptif sommaire partiel !

Corrigé

1. Le descriptif sommaire nous indique que l'escalier est en béton armé : l'élément porteur est donc la paillasse de l'escalier.

2. Voici quelques étapes de la construction du dessin de la section AA. Elle est ici un peu plus détaillée que ce qui était attendu, afin de permettre une meilleure compréhension.

Étape 1 : La mise en place des limites : planchers et trémie.

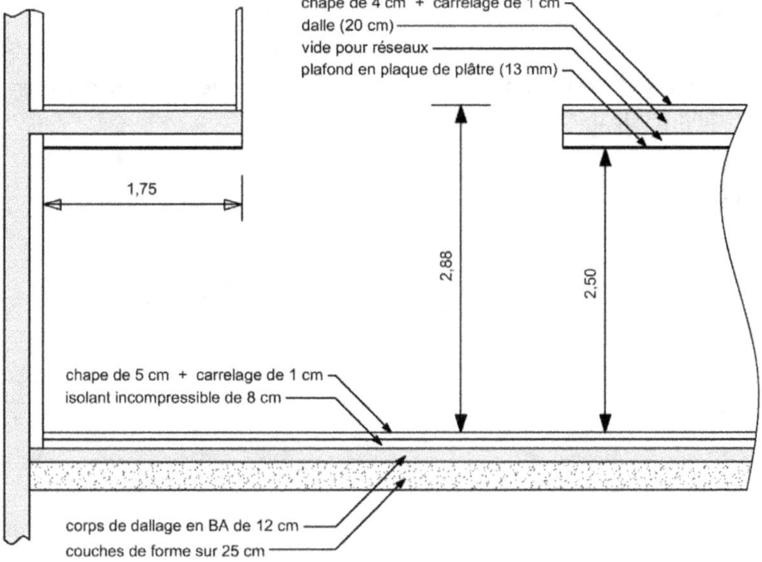

Étape 2 : La mise en place des niveaux des marches, tous les 18 cm.

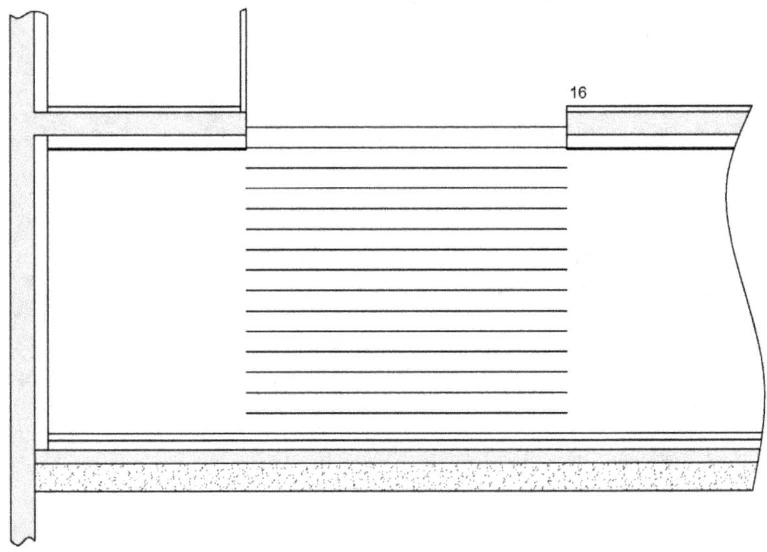

Étape 3 : La mise en place des contremarches (parties verticales entre deux marches) en commençant par le bord de la trémie, en haut.

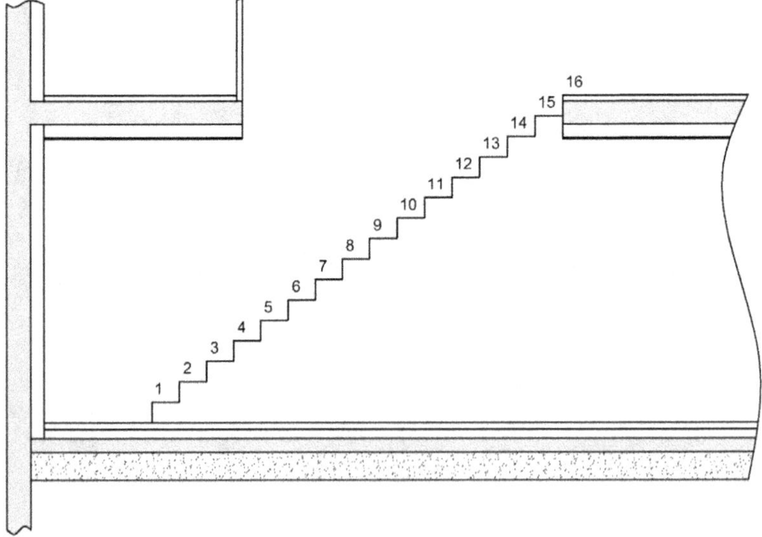

Étape 4 : Passer des limites « finies » aux limites « brutes » de l'escalier en béton → décalage de l'épaisseur du carrelage (1 cm) des marches et contremarches.

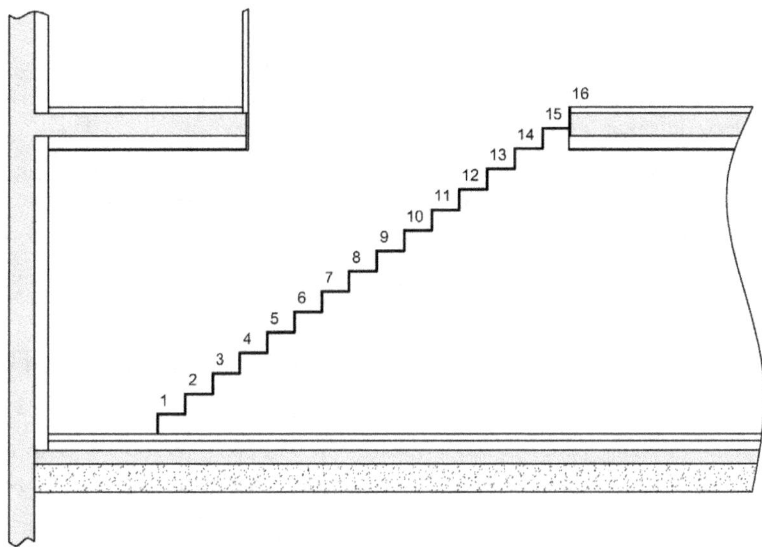

Étape 5 : Tracé de la paillasse et finitions.

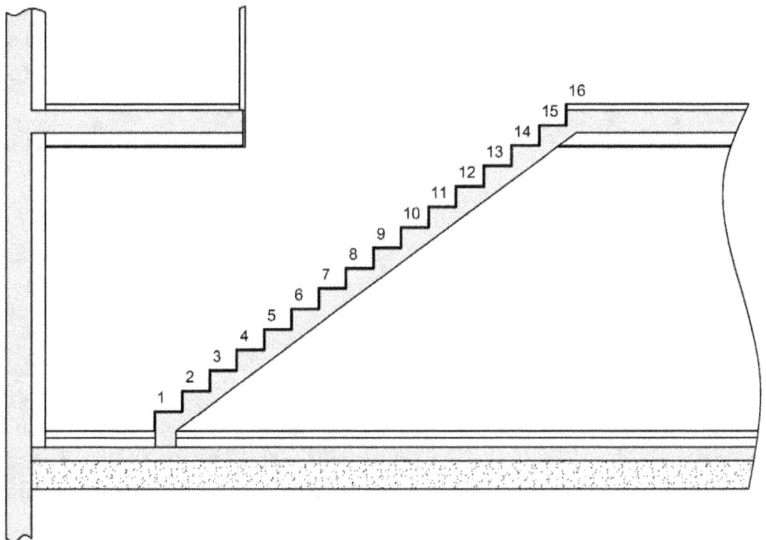

La base de l'escalier repose sur la structure, et non pas sur le revêtement de sol ou l'isolant sous chape. Une semelle de fondation peut être nécessaire pour l'escalier.

3.4   Vérifier l'échappée et autres dimensions

Contexte

On appelle « échappée » la hauteur minimale permettant de ne pas se cogner la tête. Elle est mesurée à l'aplomb du bord de la trémie, verticalement, entre le dessus d'une marche et le plafond situé au-dessus.

L'échappée vaut au minimum :

- 1,90 m dans les locaux privatifs (mais 2,00 m est souvent recommandé) ;
- 2,20 m dans les lieux publics.

Énoncé

1. Pour cette habitation individuelle, quelle est la hauteur minimale d'échappée qu'il faut respecter ?

2. Mesurer l'échappée sur la coupe verticale dessinée à la question 4 (pour ce dossier, elle est à mesurer au-dessus de la quatrième marche). Cela est-il satisfaisant ? Conclusion.

3. Dessiner sur la coupe verticale un trait interrompu à 1,80 m au-dessus du sol du rez-de-chaussée.

   En déduire la surface du rez-de-chaussée dont la hauteur est inférieure à 1,80 m.

4. Les marches avec leur revêtement de sol sont constantes. Mais les épaisseurs des revêtements de sol (y compris isolation et chape) sont différentes au rez-de-chaussée, sur les marches et à l'étage. De ce fait, la hauteur des marches « brutes » (c'est-à-dire sans revêtement de sol) n'est pas régulière.

   Quelle est la hauteur de la première marche « brute », entre le dallage et le dessus de la marche 1 ?

   Quelle est la hauteur de la dernière marche « brute », entre la marche 15 et la dalle « brute » de l'étage ?

Corrigé

1. Une échappée minimale de 1,90 m est requise.

2. Ici, on trouve une hauteur de 1,78 m (la valeur mesurée dépend, bien sûr, de la précision du dessin réalisé). Ce n'est pas suffisant. On peut envisager :
   - de réduire le giron. C'est peu recommandé si on veut conserver le confort de l'escalier ;
   - de décaler l'escalier, et donc son arrivée dans le dégagement. Cela va être difficile à réaliser à cause des autres pièces autour du dégagement ;
   - d'augmenter la longueur de la trémie, ce qui obligera à réduire d'autant la salle de bains. Cela est envisageable soit en déplaçant la baignoire, soit en prévoyant une douche à la place.

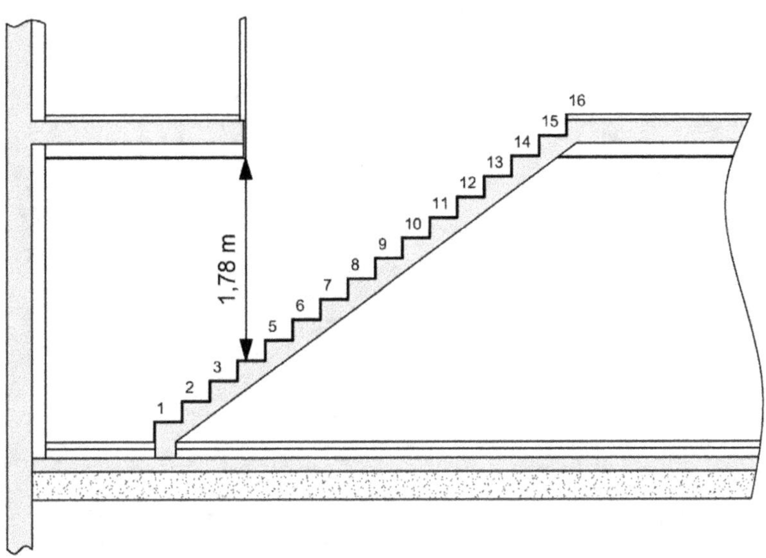

3. La zone dont la hauteur est inférieure à 1,80 m s'étend sur 2,58 m (la valeur mesurée dépend de la précision du dessin).

Comme la largeur de l'escalier fait 0,90 m, la surface correspondante vaut :

$$2,58 \times 0,90 = 2,32 \text{ m}^2.$$

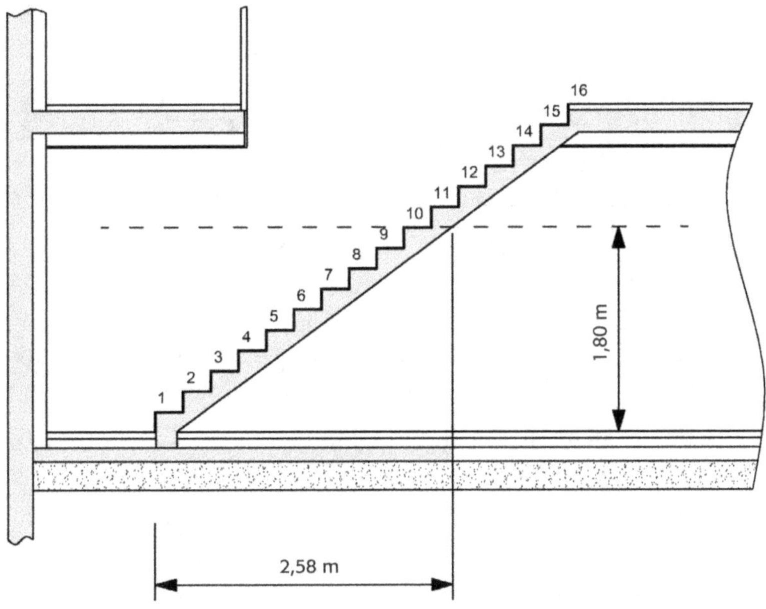

4. Voici la section AA mais « brute », avec seulement le gros œuvre.

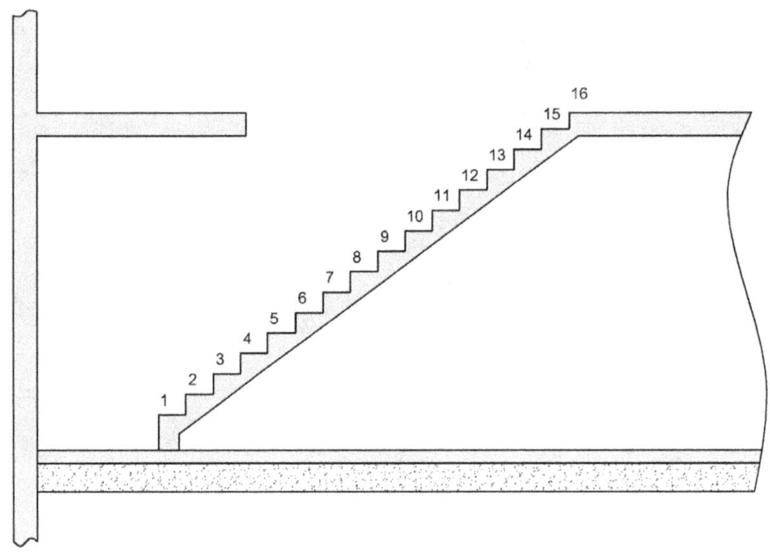

Voici deux agrandissements des marches concernées :

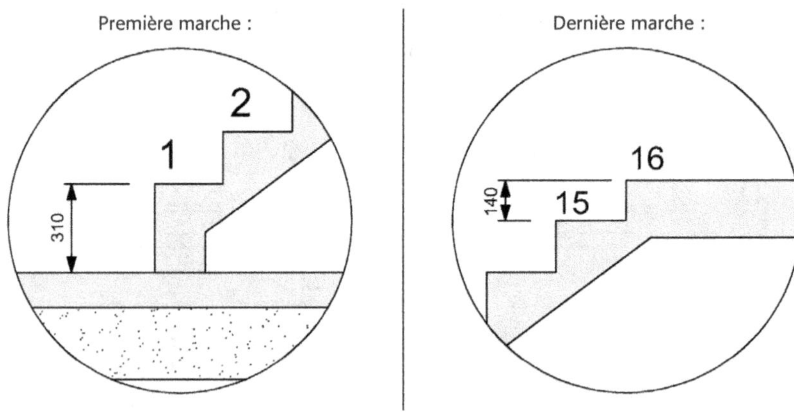

Le calcul des hauteurs brutes de ces marches passe par celui de la hauteur des réserves de sol (la réserve de sol étant la hauteur entre le niveau « brut » et le niveau « fini »).

Réserve de sol RS1 du rez-de-chaussée :

    Isolation : 8 cm

    Chape : 5 cm

    Carrelage : 1 cm

    ——————

    Total RdC : 14 cm

Réserve de sol RS2 de l'étage :

    Chape : 4 cm

    Carrelage : 1 cm

    ——————

    Total étage : 5 cm

Par ailleurs, il ne faut pas oublier qu'il y a aussi une réserve de sol RS3 de 1 cm sur les marches pour le carrelage collé.

Hauteur de la première marche (hauteur de base ± modifications, du haut vers le bas) :

> 18 cm
> − 1 cm   entre la marche 1 finie et la marche 1 brute (RS3)
> + 14 cm   entre le sol du RdC fini et le dallage brut (RS1)

Total :   31 cm   de hauteur, soit 310 mm (voir détail ci-dessus à gauche).

Hauteur de la dernière marche (hauteur de base ± modifications, du haut vers le bas) :

> 18 cm
> − 5 cm   entre le sol de l'étage et la dalle brute (RS2)
> + 1 cm   entre la marche 15 finie et la marche 15 brute (RS3)

Total :   14 cm   de hauteur, soit 140 mm (voir détail ci-dessus à droite).

Remarque

Les autres marches (donc de 2 à 15) ont une hauteur régulière de 180 mm

CHAPITRE 4

Étude de cas : des façades au plan de toiture

L'objectif de cette étude de cas est d'établir le plan de toiture (vue aérienne) d'une maison individuelle. Pour cela nous disposons de :

- la vue en plan du rez-de-jardin et celle de l'étage ;
- une coupe AA ;
- les quatre façades.

Dans le cadre de cette étude de cas il s'agit de plans simplifiés où ne sont pas représentés les aménagements intérieurs, fenêtres, etc

La désignation des façades sera faite selon la situation géographique. Notez bien l'orientation de la maison grâce à la rose des vents qui donne la direction du nord.

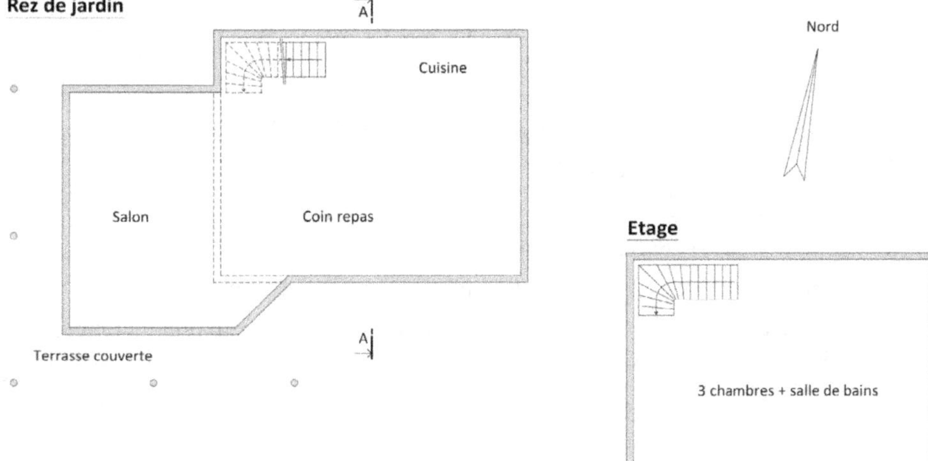

Coupe AA

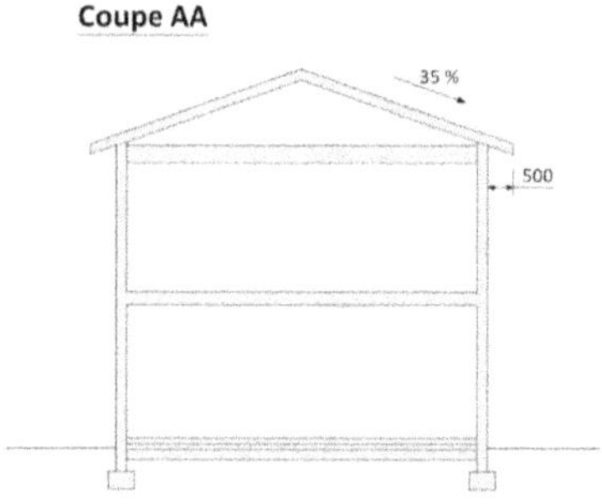

La pente de la toiture est généralement indiquée sur les coupes. Ici, on peut voir que la pente est de 35 % sur la partie de toiture visible sur la coupe AA.

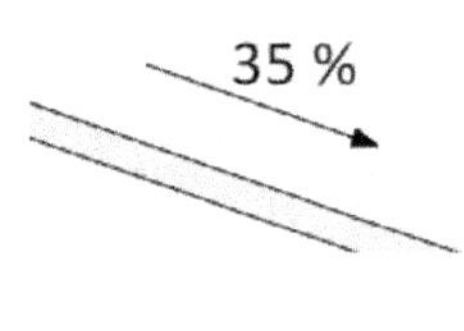

Façade Ouest

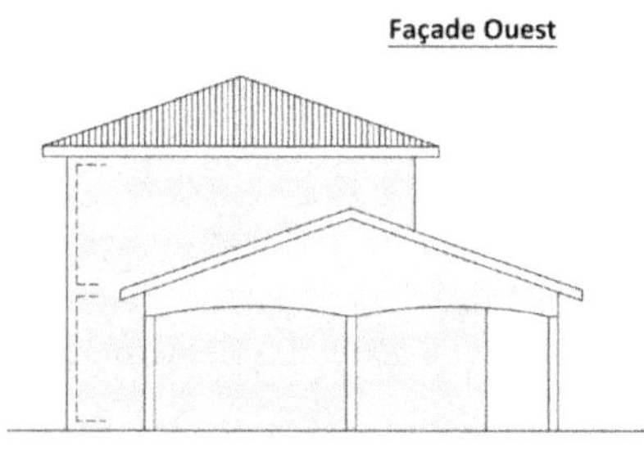

Façade Sud

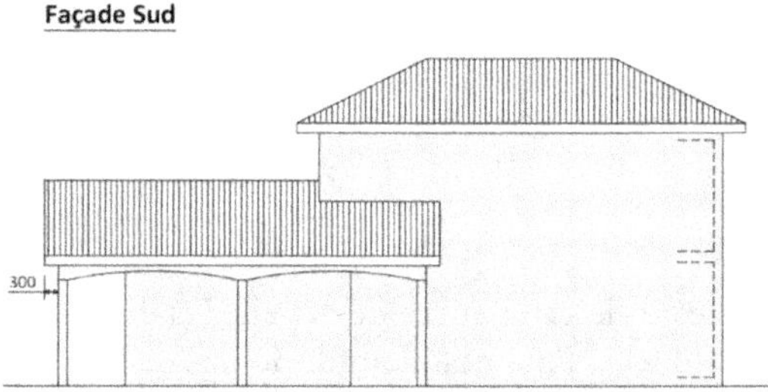

Façade Nord

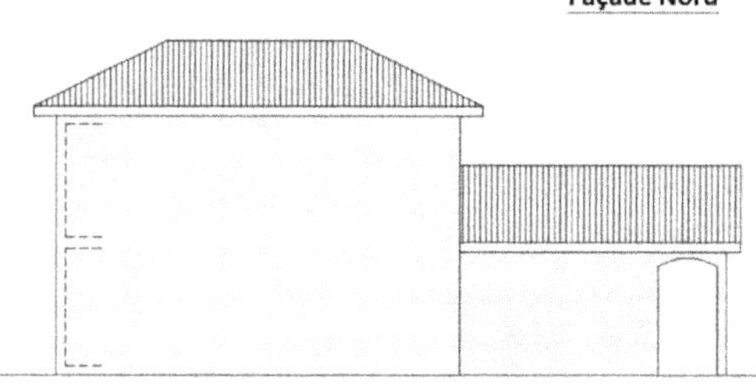

Façade Est

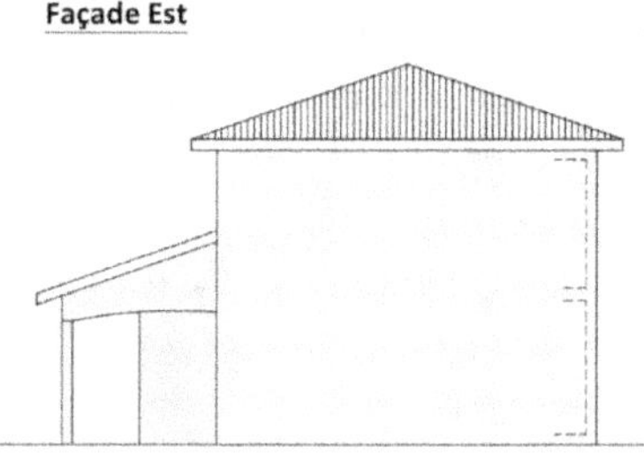

Méthodologie indicative pour dessiner le plan de toiture :

1. comprendre la correspondance entre les vues en plan et les façades
2. identifier la forme du toit
3. rechercher les valeurs spécifiques : pente, débords, …
4. dessiner les murs porteurs et murs en limite
5. dessiner les contours extérieurs du toit
6. compléter avec les noues, arêtiers, faîtages, sens des pentes (qui indiqueront les sens d'écoulement des eaux de pluie), …

4.1 Comprendre la correspondance entre les vues en plan et les façades

On voit sur les façades qu'il y a deux zones de toiture :

1. l'une qui recouvre partiellement le rez-de-jardin et la terrasse couverte,
2. et l'autre qui recouvre l'étage.

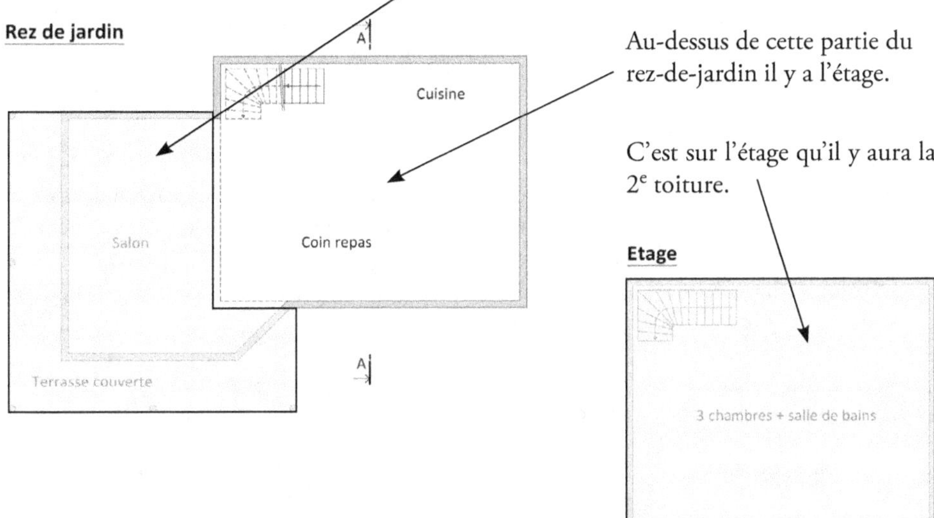

Au-dessus de cette partie du rez-de-jardin il y a l'étage.

C'est sur l'étage qu'il y aura la 2ᵉ toiture.

La façade ouest fait apparaître une structure poteaux / poutres cintrées / pointe de pignon qui soutient la toiture au niveau de la terrasse couverte.

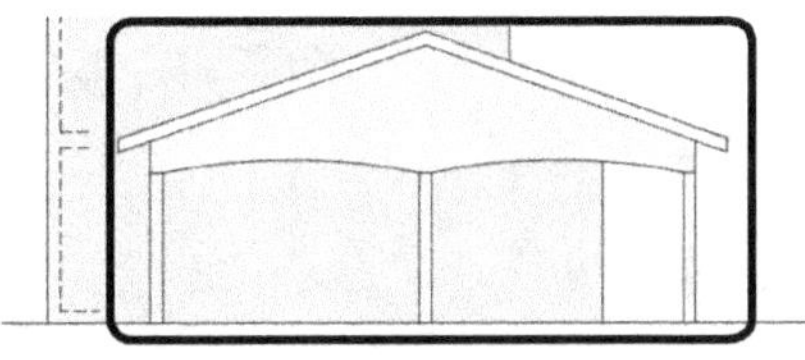

Seuls les 3 poteaux sont représentés sur la vue en plan du rez-de-jardin.

La poutre située sur ces 3 poteaux aurait pu être représentée en trait interrompu (arête cachée au-dessus du plan de coupe de la vue en plan)

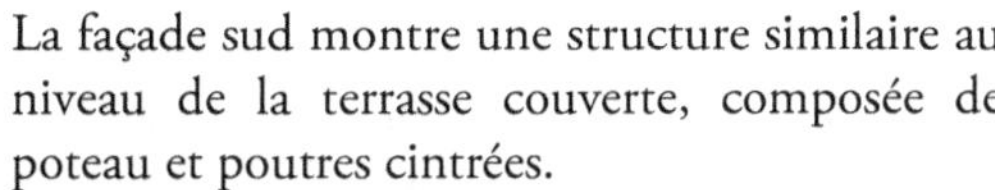

La façade sud montre une structure similaire au niveau de la terrasse couverte, composée de poteau et poutres cintrées.

Les 3 poteaux apparaissent en bas de la vue en plan du rez-de-jardin. On constate qu'à l'angle il y a un poteau commun avec les poteaux de la façade ouest.

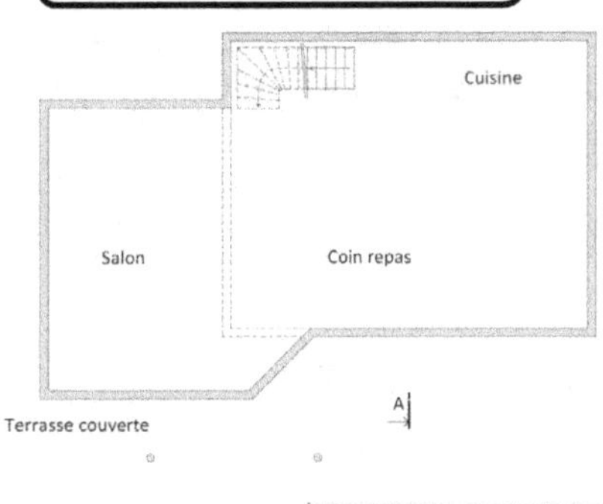

4.2   Identifier la forme du toit

Les deux formes de base les plus courantes sont les toitures à 2 ou 4 pans (mais il existe d'autres formes et des variantes).

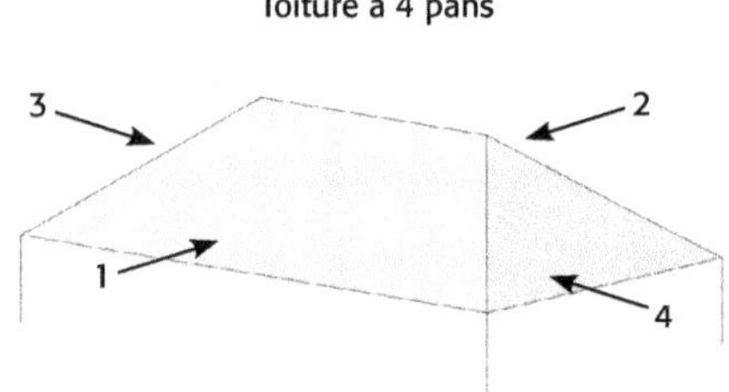

Toiture à 2 pans

Toiture à 4 pans

Les deux pans de toiture (1 et 2) apparaîtront de face sur deux façades. Sur les deux autres façades on ne verra pas le toit mais le mur pignon (mur « triangulaire »).

Les 4 pans de toitures seront visibles sur les façades (1 pan par façade en vue de face).

Les pans 1 et 2 (appelés long-pans) sont de forme trapézoidale). Les pans 3 et 4 (appelés croupes) sont triangulaires.

Les représentations correspondantes pour les vues aériennes des deux toitures sont :

Toiture à 2 pans

Toiture à 4 pans

On peut utilement représenter les sens des pentes (sens d'écoulements des eaux de pluie) par des flèches allant du haut vers le bas.

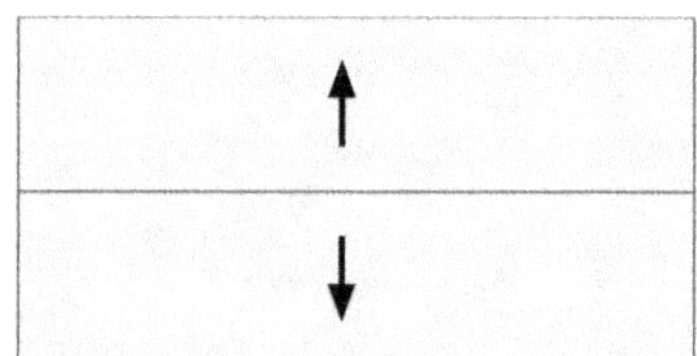

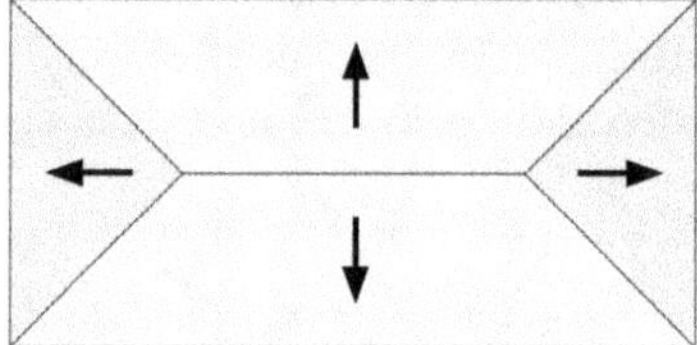

Alors qu'en est-il de nos deux zones de toiture ?

- L'étage : des pans de toiture sont visibles sur les quatre façades : les croupes sur les façades ouest et est ; les longs-pans sur les façades nord et sud. Il s'agit donc d'une toiture à 4 pans.

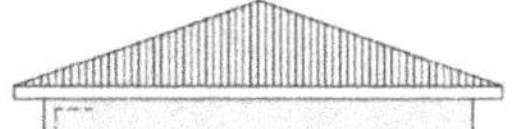 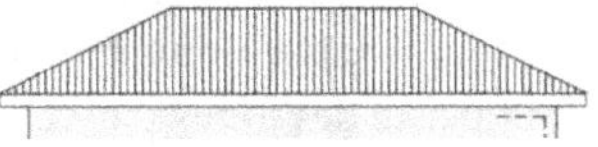

- Le rez-de-jardin : 2 pans de toiture (non parfaitement symétriques) sont visibles sur les façades nord et sud. En revanche les deux autres façades ne font pas apparaître de pans de toiture à ce niveau. Nous pouvons en conclure qu'il s'agit d'une toiture à 2 pans.

La façade ouest met en évidence un mur pignon : l'ensemble « pointe de pignon + poutres cintrées + trois poteaux » sert de support en rive latérale de la toiture. Cette façade permet de connaître la position du faitage.

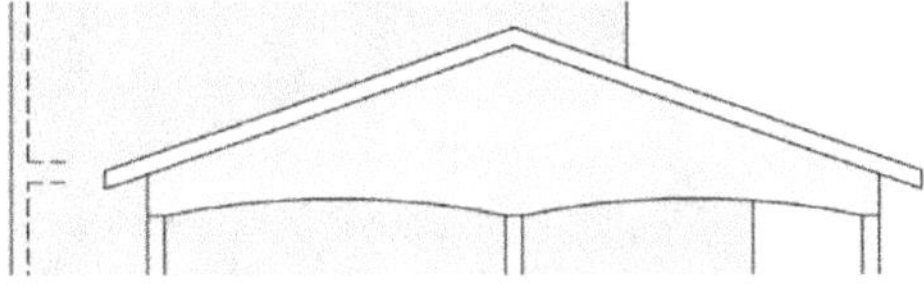

La façade est fait apparaître un bout de mur pignon. La toiture s'arrête contre le mur de façade qui monte à l'étage.

La façade est ne fait apparaître qu'un seul pan de toiture ; le reste de la toiture du rez-de-jardin est cachée derrière la partie du bâtiment qui est au premier plan (coin repas + cuisine + étage).

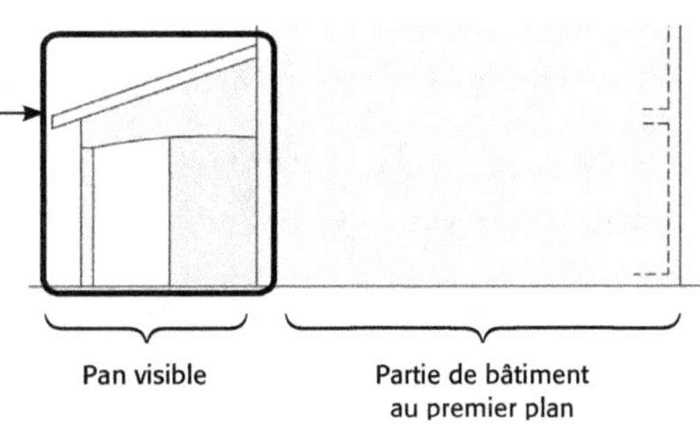

Nota

On appelle « rive de tête » la jonction en partie haute d'une toiture contre un mur.

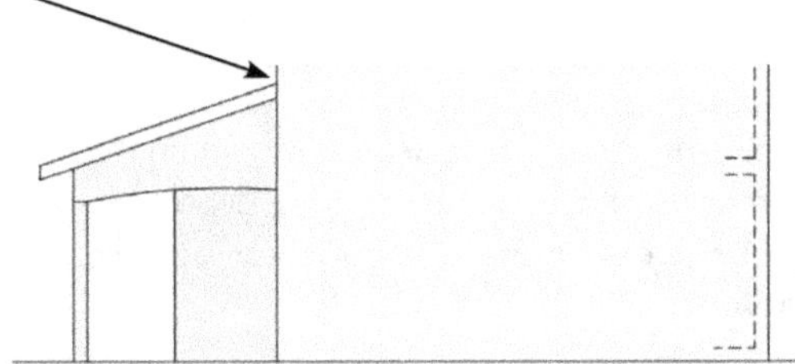

4.3 Rechercher les valeurs spécifiques : pente, débords, …

Nous avons déjà vu que la pente était de 35 % selon la coupe AA pour la toiture sur l'étage : c'est la pente des longs pans.

Si on observe les façades ouest et est on constate que la pente est la même sur la toiture sur le rez-de-jardin (les toitures des deux niveaux sont parallèles) : 35%.

En revanche la pente des croupes de la toiture de l'étage est différente de celle des longs-pans. Pour s'en rendre compte il faut prendre deux façades perpendiculaires. La hauteur H du toit est la même, c'est normal. En revanche on constate que les longueurs en plan (longueurs mesurées horizontalement) des longs pans (distance A) et des croupes (distance B) ne sont pas identiques :

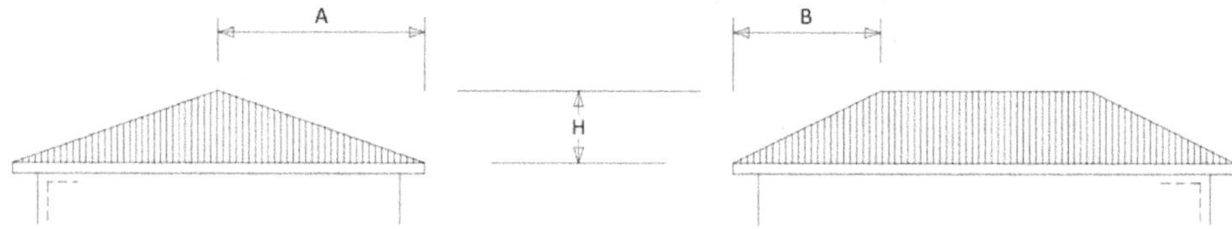

La pente d'une toiture en % est donnée par : $\text{pente} = \dfrac{\text{hauteur}}{\text{longueur en plan}} \times 100$

Si on mesure A, B et H, on obtient (sauf imprécisions de mesure) :

- pente du long-pan : $\dfrac{A}{H} \times 100 = 35\ \%$
- pente de la croupe : $\dfrac{B}{H} \times 100 = 50\ \%$

   Nota

   Les pentes doivent être indiquées en % et non en degrés. En effet un angle en degrés est inutilisable sur chantier.

La longueur des débords de toit est généralement indiquée sur les coupes. Ici la coupe AA indique que le débord de toit en rive d'égout (en bas de pente) est de 500 mm.

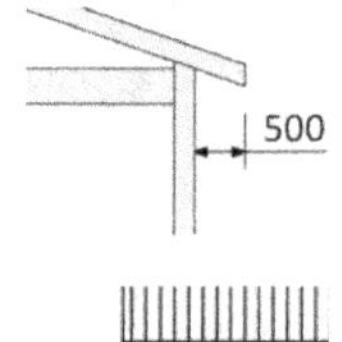

Il faudrait avoir une coupe pour connaître le débord de toit en rive latérale (sur le côté). Ici nous n'avons pas d'autre coupe, mais ce débord est coté sur la façade (dans la plupart des cas on évite de coter sur une façade). Le débord latéral est de 300 mm.

4.4 Dessiner les murs porteurs et murs en limite

Rez-de-jardin (vue partielle)

Les porteurs du rez-de-jardin sont :

    A. les murs du rez-de-jardin situés autour des pièces intérieures ;

    B. les poutres et murs pignons autour de la terrasse couverte ;

    C. une partie des murs de l'étage qui sont en limite de la toiture.

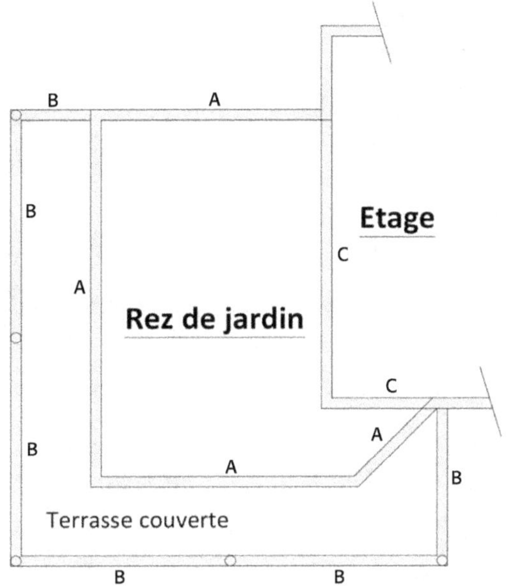

Étage

Les porteurs de la toiture à ce niveau sont simplement les murs de façade de l'étage.

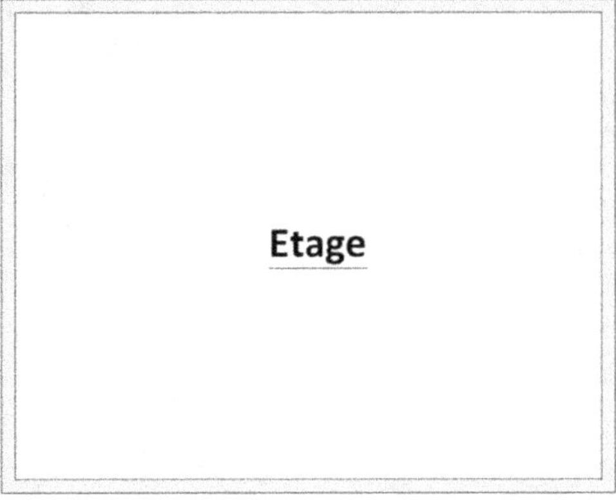

4.5   Dessiner les contours extérieurs du toit

Rez-de-jardin

En bas de pente le débord en rive d'égout est de 50 cm.

En rive latérale, les débords sont de 30 cm, sauf bien sûr au niveau des murs porteurs en limite (C) car le toit ne déborde pas à l'intérieur de l'étage !

Il peut être utile de dessiner une flèche qui représente le sens de la pente depuis le haut vers le bas. En partie basse il y aura des gouttières ; en haut nous trouverons le faîtage.

Les porteurs étant sous la toiture, ils sont cachés par celle-ci ; ils sont donc représentés en trait interrompu.

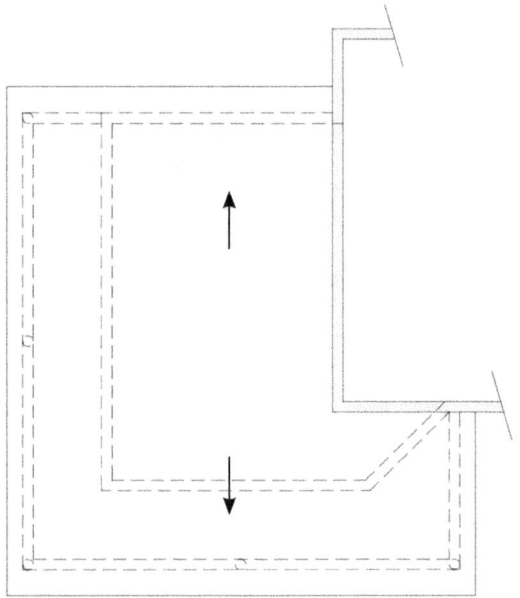

Étage

Comme c'est une toiture à 4 pans, il n'y a que des rives d'égout de 50 cm ; il n'y a pas de rive latérale sur cette partie.

Les porteurs de l'étage étant sous la toiture de l'étage, ils sont représentés en trait interrompu.

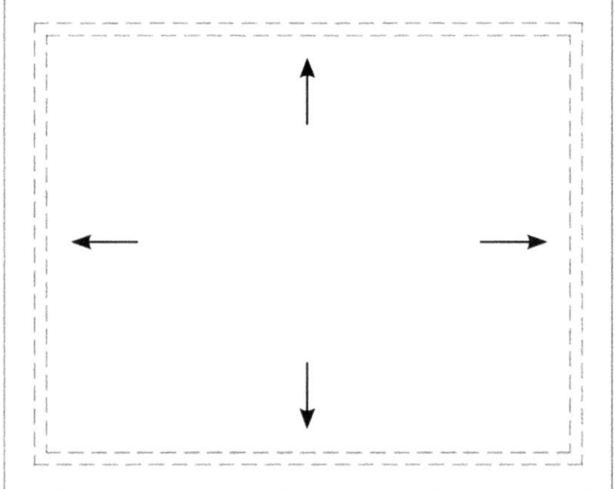

4.6   Compléter avec les noues, arêtiers, faîtages, ...

Rez-de-jardin

Pour la toiture située au-dessus du rez-de-jardin, il suffit de rajouter la ligne du faîtage (sommet du toit). Elle se trouve au milieu car la toiture est symétrique sur cette zone (voir façade ouest).

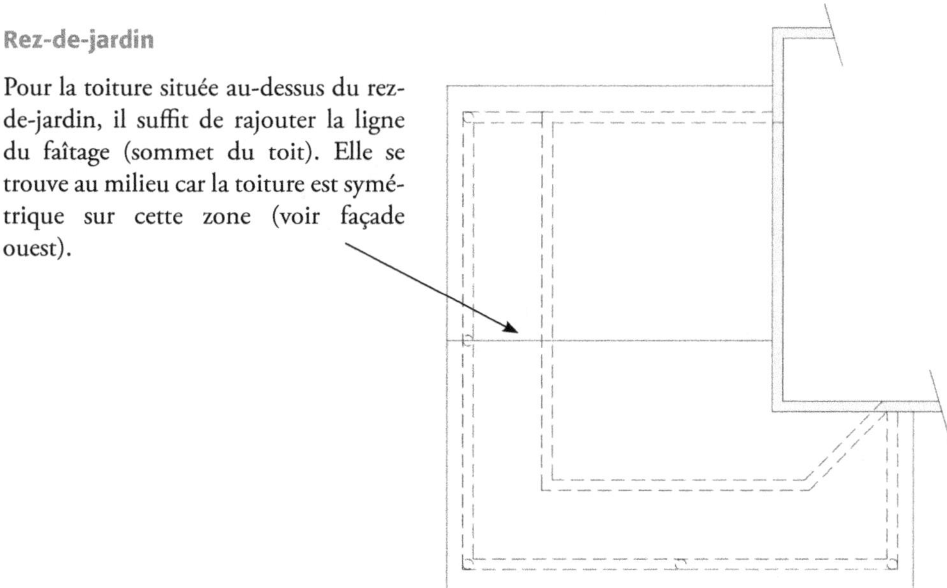

Étage

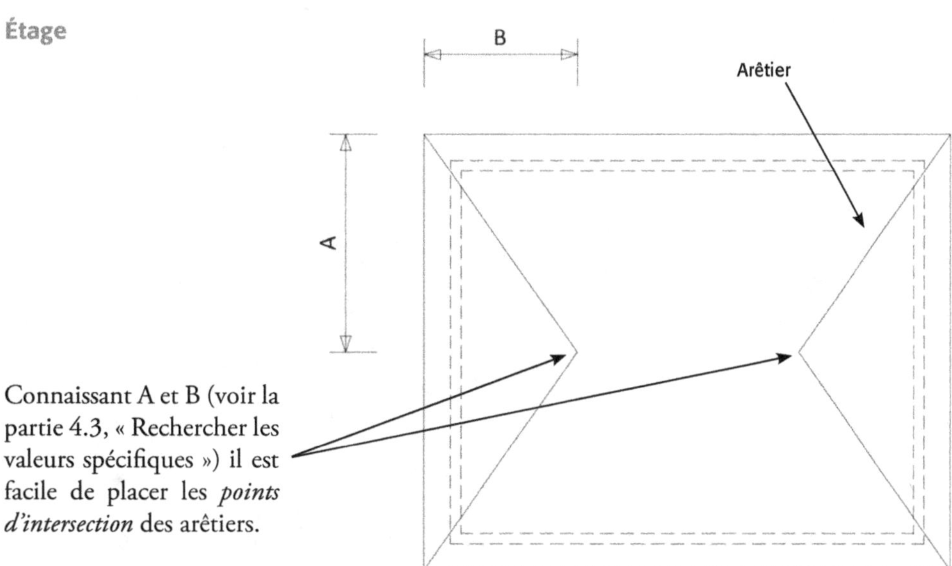

Connaissant A et B (voir la partie 4.3, « Rechercher les valeurs spécifiques ») il est facile de placer les *points d'intersection* des arêtiers.

Il n'y a plus qu'à tracer les arêtiers, depuis les angles des rives d'égout jusqu'au point d'intersection adéquat.

Pour finir le plan de toiture de l'étage il faut rajouter le faitage (entre les deux points d'intersection des arêtier) ; le faîtage relie les sommets des arêtiers.

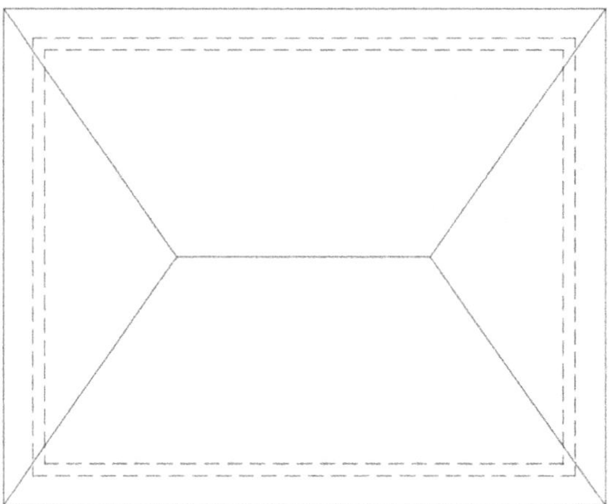

Plan global de la toiture

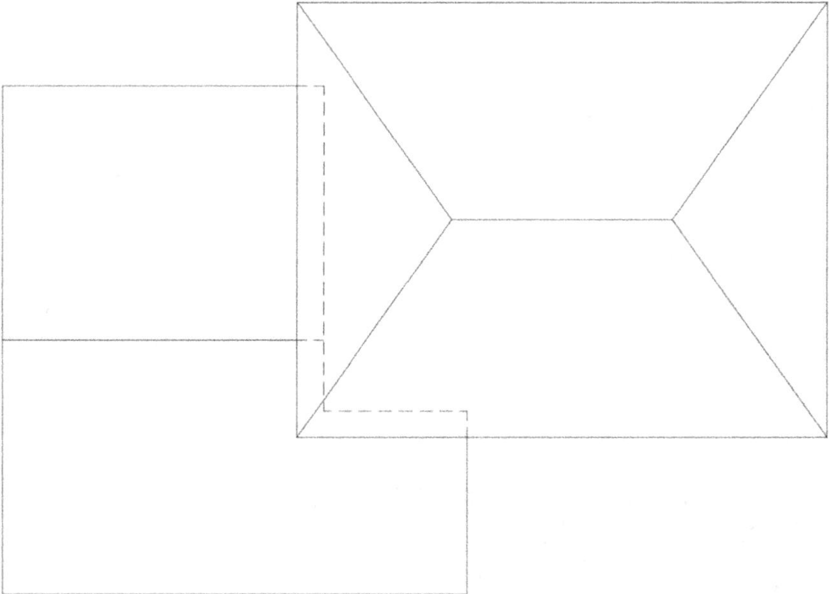

Il ne reste plus qu'à superposer les deux plans, mais attention : lorsqu'on superpose les deux zones de toiture, une partie de celle du rez-de-jardin est cachée par celle de l'étage ; la partie correspondante est ici représentée en trait interrompu.

Nota

Sur certains plans de toiture on voit apparaître en trait interrompu les contours extérieurs des murs situés sous la toiture.

CHAPITRE 5

Récupérer des dimensions sur un pdf

De nos jours il est fréquent d'utiliser des plans qui sont au format pdf (Portable Document Format). Il est intéressant de chercher à mesurer des longueurs ou des surfaces directement sur ces fichiers, comme on pourrait le faire avec une règle sur une feuille en papier.

Ils existent plusieurs logiciels qui lisent les fichiers pdf. Nous allons voir :

1. Comment obtenir longueurs ou surfaces sur un plan pdf ?
2. Comment interpréter les informations obtenues ?
3. Comment paramétrer l'échelle des mesures ?

5.1 Comment obtenir longueurs ou surfaces sur pdf ?

Nous allons réutiliser ce plan qui est dépourvu de cotation :

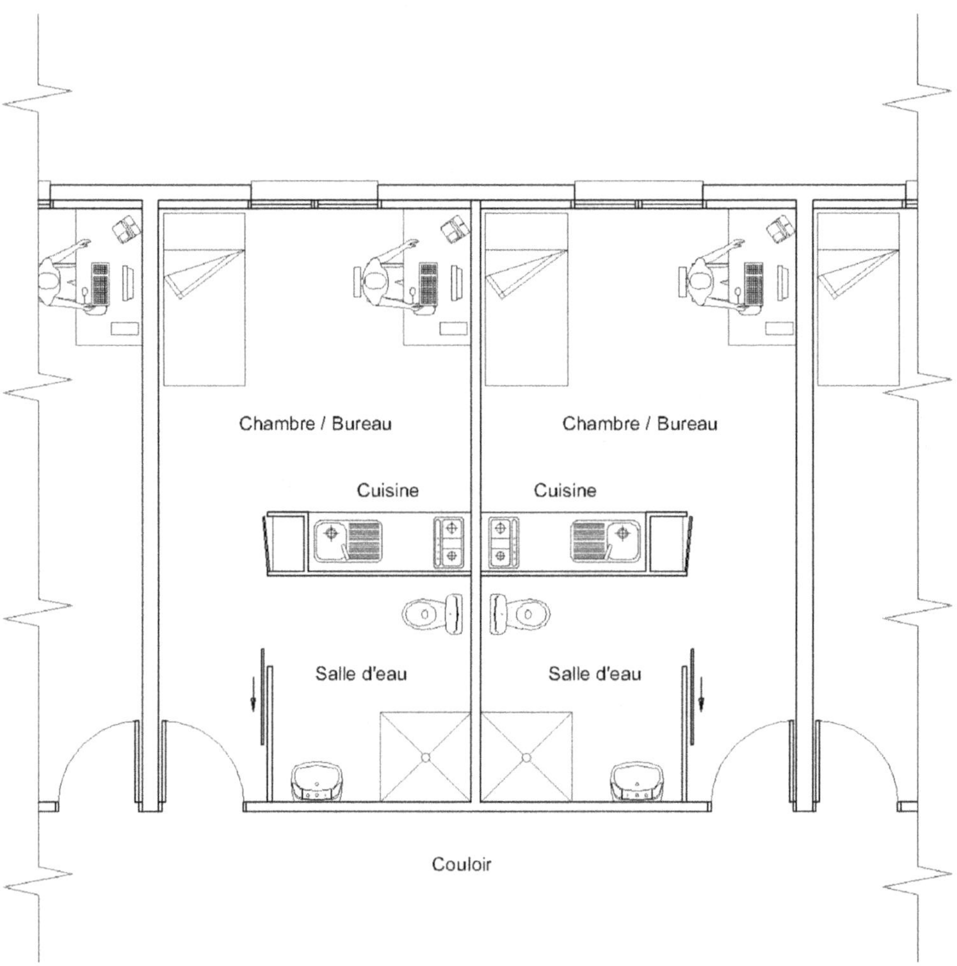

5.1.1 Mesure de distance : exemple 1

La première étape consiste naturellement à ouvrir le pdf dans un logiciel adapté. Il en existe plusieurs. Chacun a ses spécificités, il faudra en utiliser un qui permette de prendre des mesures. Attention cette fonction se présentera différemment selon le logiciel utilisé, mais les fonctions sont similaires quant à leur fonctionnement. Voici un exemple :

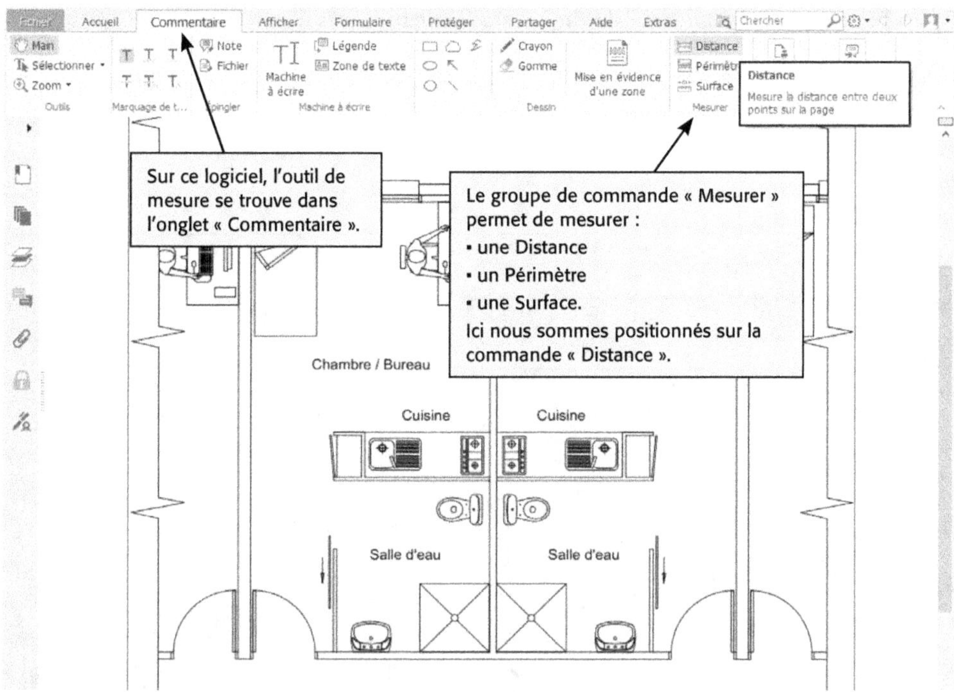

Une fois la commande « Distance » lancée, on obtient :

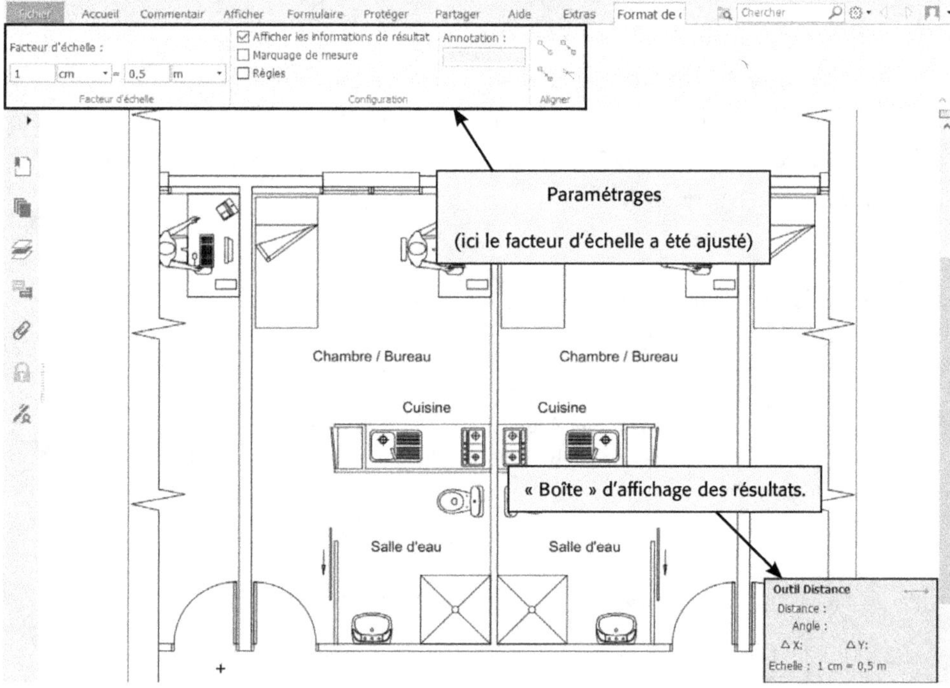

Pour effectuer la mesure, il suffit de cliquer sur les deux points d'extrémité :

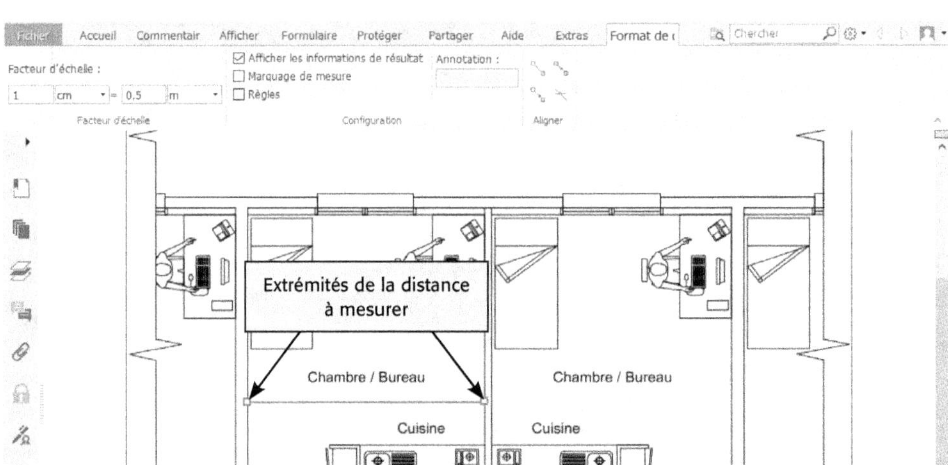

Zoom sur la boîte d'affichage des résultats

La distance totale est de 3,46 m entre les deux extrémités.

L'angle de la droite est 0,00 degré par rapport à l'horizontal.

La distance horizontale ΔX est de 3,46 m.

La distance verticale ΔY est de 0,01 m.

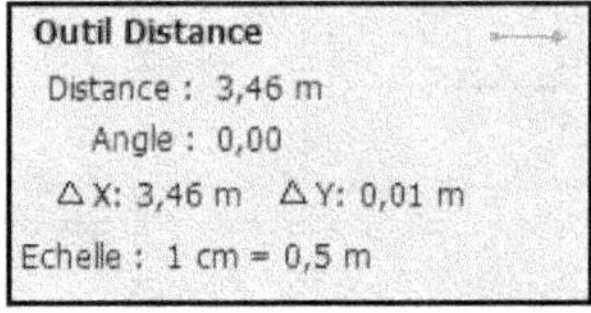

Nota 1

Les valeurs sont arrondies pour afficher une précision de deux décimales.

Nota 2

La saisie des extrémités est faite graphiquement ; la précision de la mesure dépend donc de la finesse des pixels de l'écran et de l'habileté de l'utilisateur. $\Delta X = 3,46$ m est bien la largeur de la pièce recherchée.

5.1.2   Mesure de plusieurs distances : exemple 2

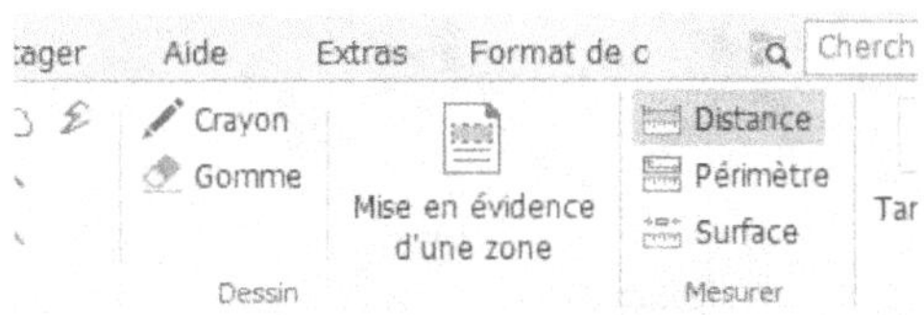

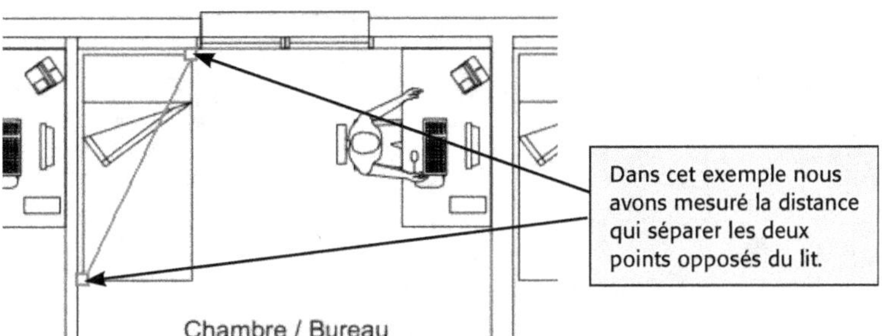

Boîte d'affichage des résultats

Parmi toutes les informations qui s'affichent, celles qui nous intéressent sont les dimensions du lit :

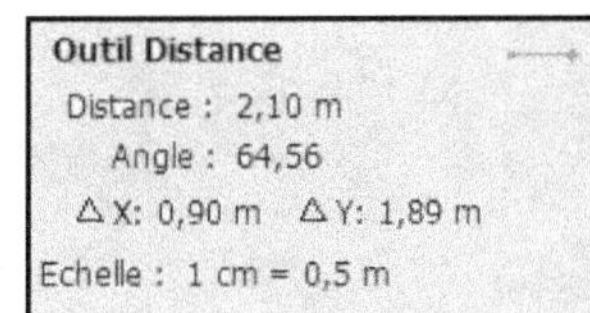

- $\Delta X = 0,90$ m
- $\Delta Y = 1,89$ m

Nota

On retrouve ici le problème de la précision de la mesure car les dimensions réelles de ce lit sont 0,90 par 1,90 m.

5.1.3   Mesure de surface : exemple

Le principe est similaire aux mesures de distance, quoique plus complexe :

- Il faut sélectionner la commande « Surface » (au lieu de « Distance »)

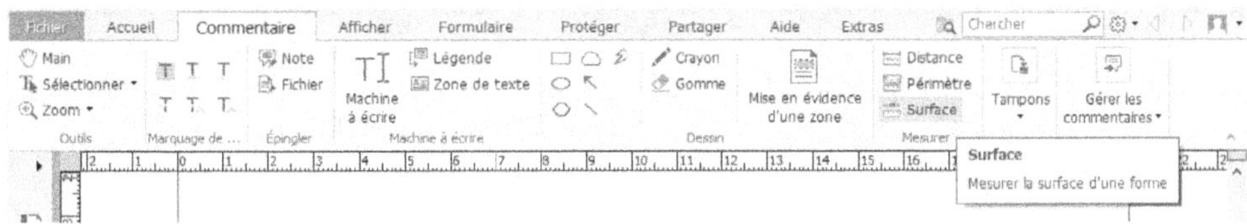

- Il faut faire le contour de la zone en cliquant sur tous les angles de la surface à mesurer : dans cet exemple nous mesurons la surface de la chambre/bureau.

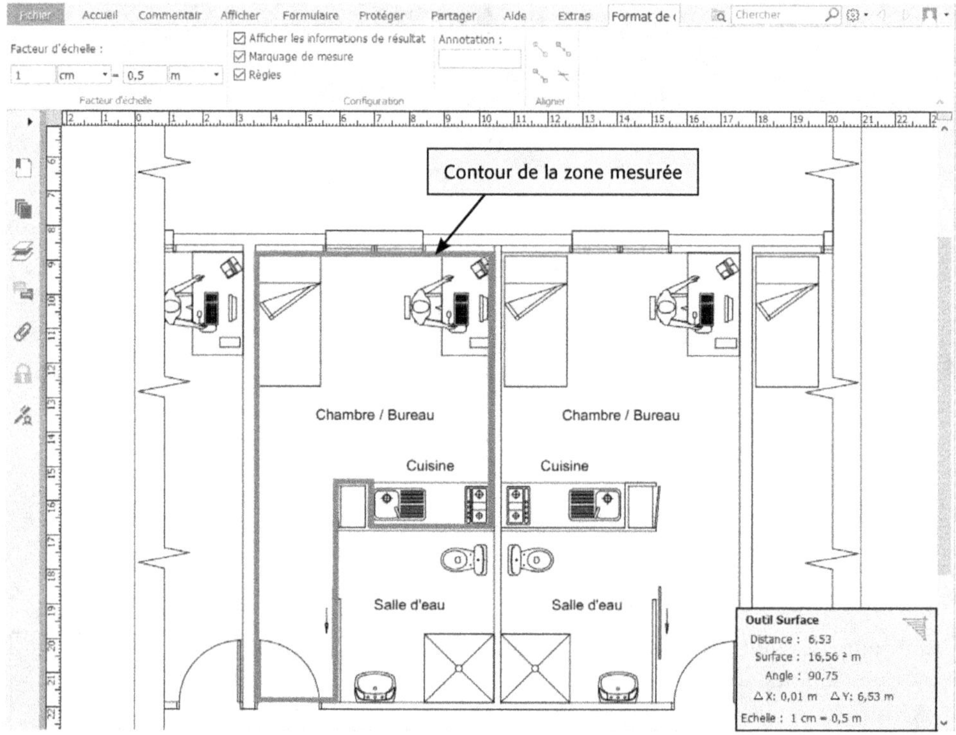

(par souci de lisibilité les contours de la zone mesurée sont redessinés plus épais)

La boîte d'affichage des résultats fait apparaître différentes informations ; certaines ne sont pas utiles à notre recherche :

- Distance : longueur du dernier segment de contour dessiné
- **Surface** : information qui nous intéresse car elle donne la surface de la pièce : 16,56 m^2
- Angle : celui du dernier segment dessiné par rapport à l'horizontal
- ΔX et ΔY du dernier segment dessiné

5.1.4 Améliorer la précision des mesures

Comme nous l'avons vu, il peut être pratique et assez facile de récupérer des informations sur un fichier pdf, mais il peut exister des problèmes de précision. Cependant, il est possible de supprimer ce défaut. En effet, à moins que le pdf ne soit un document scanné, il est très probable que le pdf soit capable d'identifier les segments de droite : on peut alors demander au logiciel de s'accrocher automatiquement à des points particuliers de ces segments de droite, ce qu'il fera avec précision.

Nota

Les plans pdf peuvent être générés soit à partir d'un scan d'un document papier, soit par un export en pdf à partir d'un logiciel de D.A.O., dans ce cas le logiciel est très souvent en mesure de reconnaitre les traits.

Après avoir lancé la commande de mesure, on obtient cet affichage :

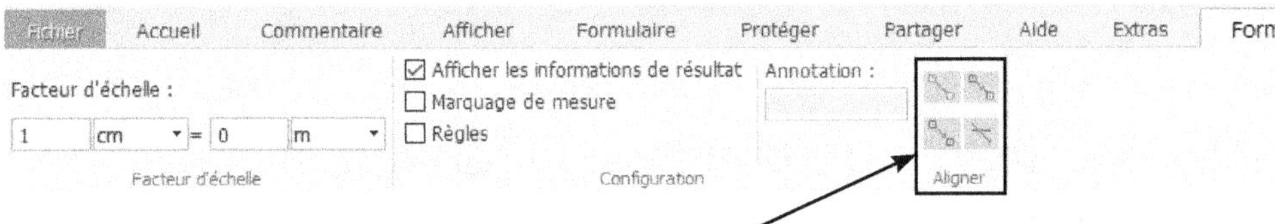

Il existe un onglet de sous-commande « Aligner » :

On peut choisir le type de point d'extrémité que devra détecter le logiciel pour déterminer la mesure :

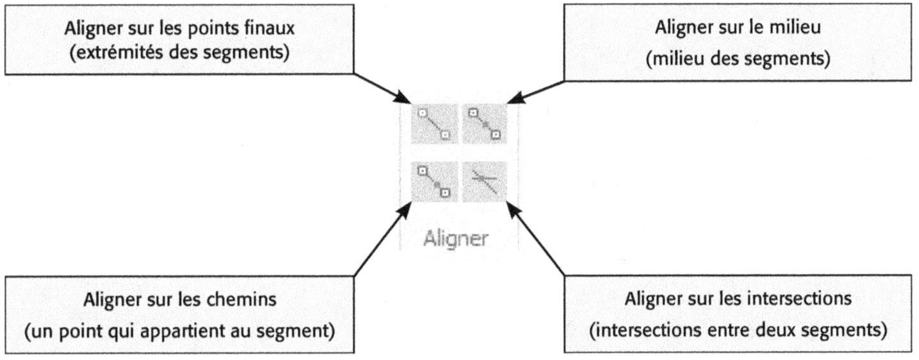

Vérifions le résultat pour mesurer les dimensions du lit : après avoir lancé la commande « Distance » puis sélectionner « Aligner sur les points finaux » (ou « Aligner sur les intersections »), on obtient :

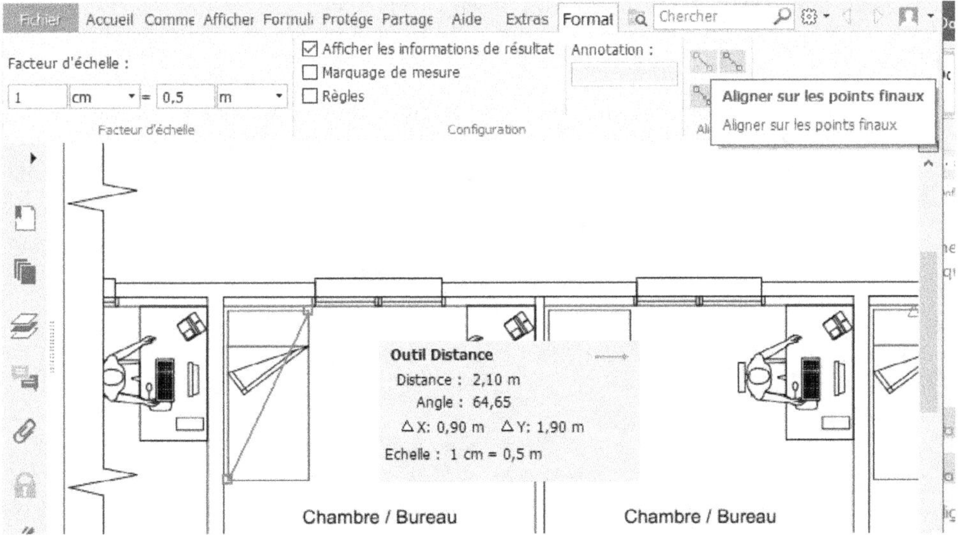

Les dimensions indiquées sont ΔX = 0,90 m et ΔY = 1,90 m qui sont effectivement les dimensions de ce lit.

Conclusion : le logiciel a détecté les extrémités exactes des mesures. Il n'y a plus d'imprécision due à la manipulation lors d'une saisie sur écran !

5.2 Comment interpréter les informations obtenues ?

La mesure de données (distance, périmètre, surface) sur un fichier pdf est pratique et efficace. Néanmoins il faut se souvenir qu'il y a des erreurs de précision et il faut se méfier de l'échelle utilisée pour le plan en pdf.

En partant sur l'hypothèse que le plan est à une échelle précise mais inconnue, il est important d'avoir un ordre de grandeur des valeurs mesurées (valeurs approximatives qui peuvent varier selon les dossiers). En voici quelques-unes :

- Largeur de couloir d'un logement : 1 m
- Dimensions d'une chambre : 3 à 4 m
- Largeur d'une porte intérieure : 0,80 à 1 m
- Hauteur d'une porte d'entrée : 2,15 m
- Hauteur d'un niveau : 2,50 m entre le sol et le plafond
- Épaisseur d'une dalle porteuse : 20 cm
- Épaisseur d'un mur de façade maçonné : 20 cm pour des blocs de béton
- Épaisseur d'un mur porteur en béton : 16 à 20 cm
- Section de poteau : 20 à 30 cm (chaque côté ou le diamètre)
- Épaisseur d'un doublage isolant des murs : 100 à 140 mm
- Épaisseur d'une cloison : 50 ou 72 mm (parfois 100)

> *Nota*
>
> Si on dispose d'un plan coté on utilisera une ou plusieurs cotes comme référence sans avoir à interpréter. Par exemple si la largeur du couloir est cotée par le dessinateur 1,00 cela veut dire qu'elle est réellement de 1,00 m, il n'est plus nécessaire de se référer à la liste ci-dessus. Voir Partie 1 Comprendre les représentations – Chapitre 2 Formats et échelles – 2.2 L'utilisation des échelles de dessin.

Exemple d'interprétation

Nous allons prendre la mesure de la distance entre deux points opposés de la porte d'entrée de cette maison :

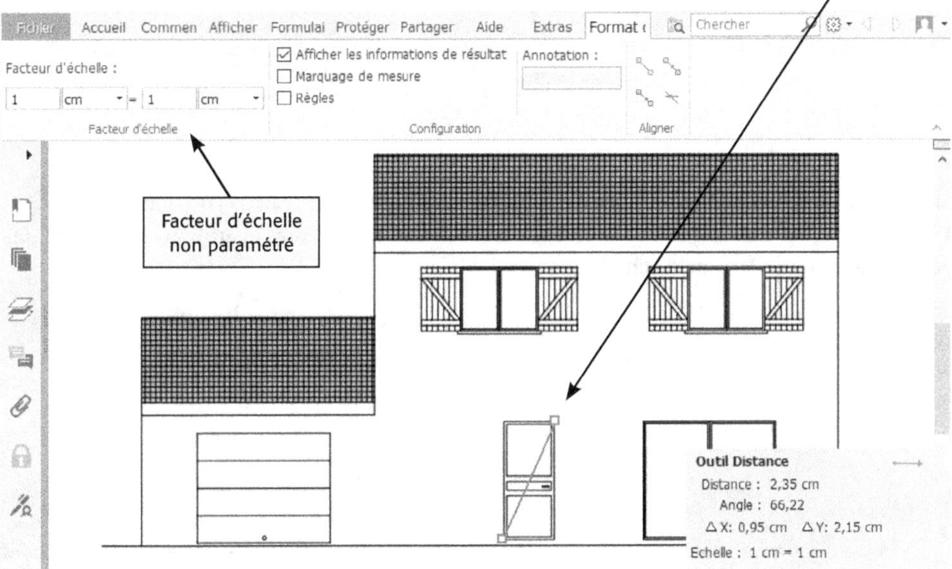

On obtient :   ΔX (largeur de la porte) : 0,95 cm

ΔY (hauteur de la porte) : 2,15 cm

Constat : les valeurs mesurées sont exactes en intensité mais pas pour les unités :

- La largeur est de 0,95 (sauf erreur de précision) cependant la dimension réelle n'est pas 0,95 cm mais 0,95 m !
- La hauteur de la porte : ce n'est pas 2,15 cm mais 2,15 m !

Explication

Les valeurs mesurées sont logiques car ce pdf de la façade a été généré au 1/100. Les mesures sont donc 100 fois plus petites que les dimensions réelles. Inversement, les dimensions réelles sont 100 fois plus grandes que ce qu'on mesure sur le pdf à l'aide de l'outil « Distance ».

Conclusion

On peut maintenant continuer à prendre des mesures sur ce pdf car on saura les interpréter. Voici deux exemples :

1. Porte de garage :

   ΔX = 2,40 cm et ΔY = 2,00 cm

   Largeur : 2,40 m et hauteur : 2,00 m

2. Fenêtre de l'étage :

   ΔX = 1,40 cm et ΔY = 1,15 cm

   Largeur : 1,40 m et hauteur : 1,15 m

5.3   Comment paramétrer l'échelle des mesures ?

Le logiciel permet de modifier les paramètres de facteur d'échelle afin d'afficher des résultats qui soient exacts.

Par défaut il est ici paramétré que :

1 cm mesuré = 1 cm en réalité

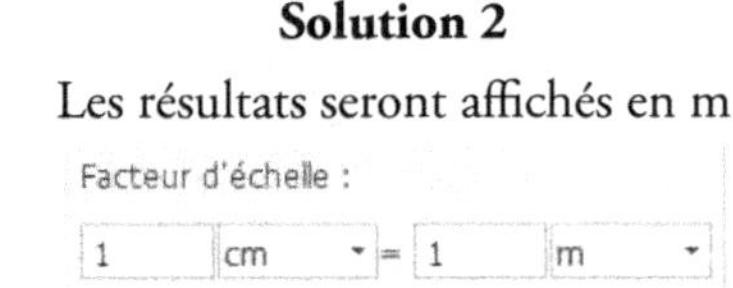

Si on reprend l'exemple des façades vu précédemment, l'échelle était 1/100. Cela signifie que 1 cm dessiné représente 100 cm en réalité, c'est-à-dire 1 m. On peut utiliser deux solutions pour paramétrer le facteur d'échelle :

<table>
<tr><td align="center">Solution 1</td><td align="center">Solution 2</td></tr>
<tr><td>Les résultats seront affichés en cm</td><td>Les résultats seront affichés en m</td></tr>
</table>

Nota

La norme prévoit que la cotation des dimensions soit faite en mm, cependant les habitudes professionnelles sont de coter en centimètres les dimensions inférieures au mètre, et en mètres celles plus grandes qu'un mètre. En effet cela rend les plans plus facilement accessibles aux clients.

Voici une liste de paramètres de facteurs d'échelle classiques :

Échelle	Mesure sur pdf	Dimension réelle		
1/100	1 cm	100 cm	ou	1 m
1/75	1 cm	75 cm	ou	0,75 m
1/50	1 cm	50 cm	ou	0,5 m
1/25	1 cm	25 cm	ou	0,25 m
1/20	1 cm	20 cm	ou	0,2 m
1/10	1 cm	10 cm	ou	0,1 m
1/5	1 cm	5 cm	ou	0,05 m
1/2	1 cm	2 cm	ou	0,02 m
1/200	1 cm	200 cm	ou	2 m
1/500	1 cm	500 cm	ou	5 m

Ici nous n'avons utilisé que des cm et des m. Il existe d'autres possibilités de paramétrage, notamment avec des mm.

Application: interpréter et paramétrer

Énoncé

1. Sur un plan pdf d'avant-projet, on mesure 1,10 cm pour la largeur d'un couloir. Qu'en pensez-vous ?

2. Sur une coupe d'un autre pdf on mesure 0,4 cm pour l'épaisseur d'une dalle. Qu'en déduisez-vous ?

3. Vous mesurer 0,15 cm (valeur imprécise) pour une cloison qui mesure en réalité 72 mm d'épaisseur. Quelles sont vos conclusions ?

4. Que déduisez-vous de la mesure de ce bloc de béton du mur porteur ?

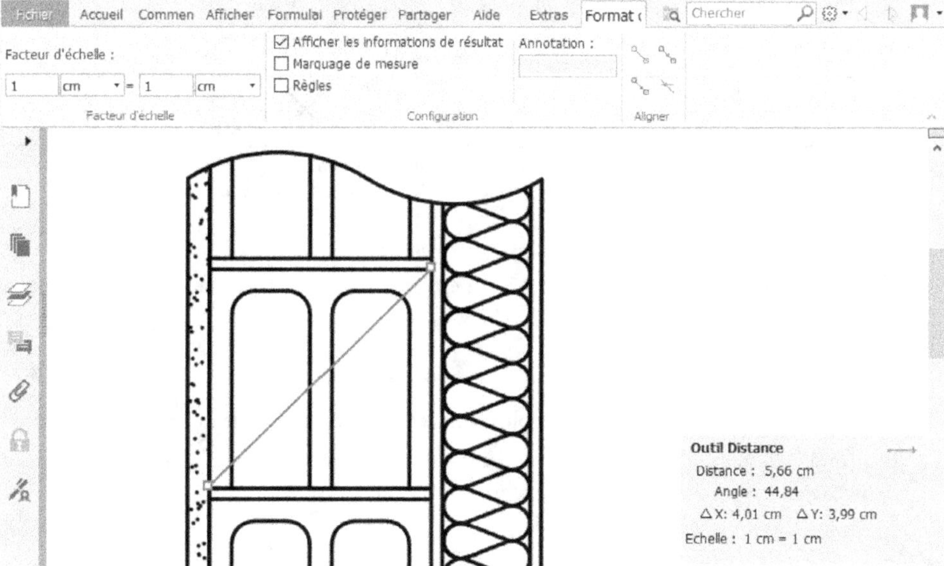

En fonction de votre résultat, comment faut-il paramétrer le facteur d'échelle sur le logiciel ?

5. Un plan d'étage de bâtiment a été imprimé sur une feuille A3, de manière à utiliser au mieux la surface de la feuille. L'échelle utilisée n'est donc pas standard. Il vous faut déterminer quelle est l'échelle du pdf, sachant que la plus grande longueur du bâtiment (26,45 m dans la réalité) mesure 36,24 cm sur le pdf. On pourra considérer les imprécisions de mesure sur pdf négligeables par rapport à la longueur mesurée.

Corrigé

1. L'ordre de grandeur de la largeur d'un couloir est de 1 m. Le couloir de ce plan d'avant-projet est donc probablement de 1,10m.

   Comme il a été mesure 1,10 cm (au lieu de 1,10 m) nous pouvons en déduire que ce plan est au 1/100.

2. L'ordre de grandeur de l'épaisseur d'une dalle est de 20 cm. Ici nous avons mesuré 0,4 cm. Il faut donc retrouver le facteur d'échelle :

	Dimension mesurée	Dimension réelle
Plan	0,4 cm	20 cm
Facteur d'échelle	1	E = 20 × 1/0,4 = 50

Attention, il faut que les unités utilisées sur une ligne soient identiques !

Le facteur d'échelle est donc 1/50

3. Détermination du facteur d'échelle :

	Dimension mesurée	Dimension réelle
Plan	0,15 cm	7,2 cm
Facteur d'échelle	1	E = 7,2 × 1/0,15 = 48

Attention, il faut que les unités utilisées sur une ligne soient identiques !
Par conséquent l'épaisseur indiquée pour la cloison est 7,2 cm au lieu de 72 mm.

On estime ici un facteur d'échelle de 1/48.

Néanmoins comme la valeur 0,15 cm est imprécise, il est probable que le facteur d'échelle réel du pdf soit 1/50.

Nota

Plus les distances mesurées sont petites, plus l'impact des imprécisions de mesures est important !

Pour limiter le taux d'erreur relatives, il vaut mieux utiliser de grandes longueurs quand on recherche un facteur d'échelle.

4. On constate que $\Delta X = 4,01$ cm et $\Delta Y = 3,99$ cm. Il semble plus probable que $\Delta X = \Delta Y = 4$ cm (Les blocs de béton usuels ont une section carrée de 20 x 20 cm).

   L'épaisseur de la maçonnerie d'un mur de façade est de 20 cm. On en déduit le facteur d'échelle :

	Dimension mesurée	Dimension réelle
Plan	4 cm	20 cm
Facteur d'échelle	1	E = 20 × 1/4 = 5

Le pdf de ce détail est donc au 1/5.

On peut utiliser l'une des deux solutions suivantes de paramétrages :

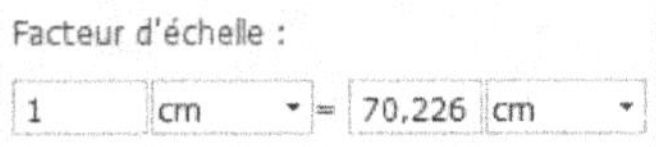

5. Détermination du facteur d'échelle sachant que 25,45 m = 2 545 cm :

	Dimension mesurée	**Dimension réelle**
Plan	36,24 cm	2 545 cm
Facteur d'échelle	1	E = 2545 × 1/36,24 = 70,2263

Attention, il faut que les unités utilisées sur une ligne soient identiques !

L'échelle de ce pdf est donc 1/70,2263. Il ne sera pas forcément possible de saisir toutes les décimales de ce facteur d'échelle :

Index

A

B

D

E

F

G

L

M

P

Chez le même éditeur (extrait du catalogue, suite)

Construction

Claude Prêcheur, *Manuel technique du maçon*
– *Organisation, conception, applications*, 288 p., 2017
– *Matériaux, outils, techniques*, 288 p., 2017

Philippe Peiger & Nathalie Baumann, *Végétalisation biodiverse et biosolaire des toitures*, 280 p., 2018

Gérard Karsenty, *Guide pratique des VRD et des aménagements extérieurs. Des études à la réalisation des travaux*, 2004, 632 p., 7ᵉ tirage 2015

René Bayon, *VRD : voirie, réseaux divers, terrassements, espaces verts. Aide-mémoire du concepteur*, 6ᵉ éd. 1998, 528 p., 9ᵉ tirage 2015

Architecture

Grégoire Bignier, *Architecture & écologie : comment partager le monde habité*, 2ᵉ éd., 216 p., 2015
– *Architecture & économie : ce que l'architecture fait à l'économie circulaire*, 160 p., 2018

Carol Maillard, *Façades & couvertures. Performances, architecture*, acier, coédition Eyrolles/ConstruirAcier, 2016, 264 p.

Christophe Olivier & Avril Colleu, *12 solutions bioclimatiques pour l'habitat. Construire ou rénover : climat et besoins énergétiques*, 2016, 232 p.

BIM et maquette numérique

Olivier Celnik & Éric Lebègue (dir.), *BIM et maquette numérique pour l'architecture, le bâtiment et la construction*, préface de Bertrand Delcambre, 2ᵉ éd. 2016, 768 p., coédition Eyrolles/CSTB/MediaConstruct

Karen Kensek, *Manuel BIM. Théorie et applications*, préface de Bertrand Delcambre, 2015, 256 p.

Éric Lebègue & José Antonio Cuba Segura, *Conduire un projet de construction à l'aide du BIM*, 2015, 80 pages, coédition Eyrolles/CSTB

Anne-Marie Bellenger & Amélie Blandin, *Le BIM sous l'angle du droit : pratiques contractuelles et responsabilités*, 2ᵉ éd. 2018, 160 p., coédition Eyrolles/CSTB

Serge K. Levan, *Management et collaboration BIM*, 2016, 208 p.

Serge Levan et Pervenche d'Audiffret, *Les managers du BIM. Guide impertinent et constructif*, 2018, 136 p .

Annalisa De Maestri, *Premiers pas en BIM : l'essentiel en 100 pages*, 2017, 104 p., coédition Eyrolles/Afnor

Christophe Lheureux, *BIM pour le maître d'ouvrage. Comment passer à l'action*, 2017, 96 p.

Sylvain Riss, Aurélie Talon & Régine Teulier (dir.), *Le BIM éclairé par la recherche*, 2017, 192 p., coédition Eyrolles/CESI

Régine Teulier & Nader Boutros (dir.), *À la pointe du BIM. Ingénierie & architecture, enseignement & recherche*, 2018, 192 p.,

Patrick Dupin, *Le LEAN appliqué à la construction. Comment optimiser la gestion de projet et réduire coûts et délais dans le bâtiment*, 2014, 160 p.

Brad Hardin & Dave McCool, *Le BIM appliqué au management du projet de construction. Méthode, flux de travaux et outils*, 2018, 380 p., coédition Eyrolles/Afnor éditions

Jonathan Renou & Stevens Chemise, *Revit pour le BIM : Initiation générale et perfectionnement structure*, 4ᵉ édition, 2018, 552 p.

Julie Guézo & Pierre Navarra, *Revit Architecture : développement de projet et bonnes pratiques*, 2016, 448 p.

Vincent Bleyenheuft, *Les familles de Revit pour le BIM*, 2017, 360 p.

Olivier Lehmann, Sandro Varano & Jean-Paul Wetzel, *SketchUp pour les architectes*, 2014, 246 p.

Matthieu Dupont de Dinechin, *Blender pour l'architecture : conception, rendu, animation et impression 3D de scènes architecturales*, 2ᵉ édition, 2016, 336 p.

Droit de la construction et de l'immobilier

Patricia Grelier Wyckoff, *Pratique du droit de la construction. Marchés publics, marchés privés*, 8ᵉ éd., 596 p., 2017
– *Le mémento des marchés publics de travaux*, 5ᵉ éd., 320 p., 2012
– *Le mémento des marchés privés de travaux*, 3ᵉ éd., 304 p., 2011

Anne-Marie Bellenger & Amélie Blandin, *Le BIM sous l'angle du droit. Pratiques contractuelles et responsabilités*, 128 p., 2016 (coédition CSTB)

Vincent Borie, *La médiation à l'usage des professionnels de la construction*, 136 p., 2017

Gérald Pinchera, *Passation et gestion des marchés privés de travaux. Guide pratique*, 104 p., 2017

Jean-Louis Sablon, *Défauts de construction : que faire ? Guide juridique et pratique*, 144 p., 2016
– *Le contentieux des dommages de construction : analyse et stratégie*, 400 p., 2012

Bernard de Polignac, Jean-Pierre Monceau & Xavier de Cussac, *Expertise immobilière. Guide pratique*, 7ᵉ éd., 496 p., 2019

Bertrand Couette, *Guide pratique de la loi MOP*, 3ᵉ éd., 600 p., 2014

Marie Fondacci Guillarmé, *Maîtiser les techniques de l'immobilier. Transaction immobilière, gestion locative, gestion de copropriété*, 3ᵉ éd. , 272 p., 2017
– *Conseil en ingénierie de l'immobilier. Droit et veille juridique, économie et organisation de l'immobilier, droit de la construction, de l'urbanisme et de l'habitat*, 132 p., 2017

Quelques manuels et guides de référence consacrés aux techniques traditionnelles de construction

Louis Cagin (dir.), *Pierre sèche. Théorie et pratique d'un système traditionnel de construction*, 224 p. 2017

Louis Cagin & Laetitia Nicolas, *Construire en pierre sèche*, 2ᵉ éd. 2011, 192 p.

Christian Lassure, *La pierre sèche. Mode d'emploi*, 3ᵉ éd. 2014, 72 p.

Michel Dewulf, *Le torchis. Mode d'emploi*, 2ᵉ éd. 2015, 80 p.

Jean & Laurent Coignet, *Maçonnerie de pierre. Matériaux et techniques, désordres et interventions*, 2007, 116 p.

Jean-Marc Laurent, *Pierre de taille. Restauration de façades, ajout de lucarnes*, 2003, 168 p.

Giovanni Peirs, *La brique. Fabrication et traditions constructives*, 2004, 112 p.

École d'Avignon, *Technique et pratique de la chaux*, 2ᵉ éd. 2016, 224 p.

École-atelier de restauration du Centre historique de Leon, *La chaux et le stuc*, 2ᵉ éd. 2010, 230 p.

Valérie Le Roy, Philippe Bertone, Sylvie Wheeler, *Les enduits de façade. Chaux, plâtre, terre*, 2010, 116 p.

Valérie Le Roy, Philippe Bertone, Sylvie Wheeler, *Les enduits intérieurs. Chaux, plâtre, terre*, 2012, 116 p.

Iris ViaGardini, *Enduits et badigeons de chaux*, 2ᵉ éd. 2015, 174 p.

Monique Cerro, *Enduits chaux et leur décor. Mode d'emploi*, 2ᵉ éd. 2017, 144 p.

Monique Cerro & Thierry Baruch, *Enduits terre et leur décor. Mode d'emploi*, 2011, 144 p.

Monique Cerro, *Sols, chaux et terre cuite. Mode d'emploi*, 2ᵉ éd. 2013, 80 p.

Claude Prêcheur, *Manuel technique du maçon*
– *Matériaux, outils & techniques*, 2017, 288 p.
– *Organisation, conception & applications*, 2017, 288 p.

Éric Mullard, *La couverture du bâtiment. Manuel de construction*, 2014, 352 p.

Jean-Marie Rapin, *L'acoustique du bâtiment. Manuel professionnel d'entretien et de réhabilitation*, 2017, 192 p.

Alexandre Caussarieu & Thomas Gaumart, *Rénovation des façades : pierre, brique, béton. Guide à l'usage des professionnels*, 2ᵉ éd. 2013, 192 p.

Les livres de construction d'Yves Benoit

La maison à ossature bois par les schémas. Manuel de construction visuel, 368 p.

Maison à ossature bois et développement durable : conception, construction et exploitation 208 p.

La dalle bois, série « La maison à ossature bois par éléments », 144 p.

Murs & planchers, série « La maison à ossature bois par éléments », 192 p.

La charpente, série « La maison à ossature bois par éléments », 152 p.

Construction bois : l'Eurocode 5 par l'exemple. Le dimensionnement des barres et des assemblages en 30 applications, coédition Eyrolles/Afnor, collection « Eurocode », 296 p.

Résistance au feu des constructions bois : barres en situation d'incendie et assemblages selon l'Eurocode 5, collection « Eurocode », 192 p.

En collaboration

– avec Thierry Paradis, *Construction de maisons à ossature bois*, coédition Eyrolles/FCBA, 4ᵉ éd., 352 p.
– avec Bernard Legrand & Vincent Tastet, *Dimensionner les barres et les assemblages en bois. Guide d'application de l'Eurocode 5 à l'usage des artisans*, coédition Eyrolles/Afnor, collection « Eurocode », 256 p.
– avec Bernard Legrand et Vincent Tastet, *Calcul des structures en bois. Guide d'application de l'Eurocode 5*, coédition Eyrolles/Afnor, 3ᵉ éd., 496 p.
– avec Danièle Dirol, *Le coffret de reconnaissance des bois de France* (dont un livre de 56 pages), coédition Eyrolles/FCBA.

**… et des dizaines d'autres livres de BTP, de génie civil,
de construction et d'architecture sur
www.editions-eyrolles.com**

Merci d'avoir choisi ce livre Eyrolles. Nous espérons que sa lecture vous a intéressé(e) et inspiré(e).

Nous serions ravis de rester en contact avec vous et de pouvoir vous proposer d'autres idées de livres à découvrir, des nouveautés, des conseils, des événements avec nos auteurs ou des jeux-concours.

Intéressé(e) ? Inscrivez-vous à notre lettre d'information.

Pour cela, rendez-vous à l'adresse go.eyrolles.com/newsletter ou flashez ce QR code (votre adresse électronique sera à l'usage unique des éditions Eyrolles pour vous envoyer les informations demandées) :

Merci pour votre confiance.
L'équipe Eyrolles

P.S. : chaque mois, 5 lecteurs sont tirés au sort parmi les nouveaux inscrits à notre lettre d'information et gagnent chacun 3 livres à choisir dans le catalogue des éditions Eyrolles. Pour participer au tirage du mois en cours, il vous suffit de vous inscrire dès maintenant sur go.eyrolles.com/newsletter (règlement du jeu disponible sur le site).

Dépôt légal : septembre 2018
Imprimé en Allemagne par BoD